Liebe Schülerin, lieber Schüler,

vor dir liegt das Arbeitsheft zu deinem Mathematik-Schulbuch. Anders als im Schulbuch darfst und sollst du im Arbeitsheft malen, zeichnen, schneiden, Skizzen anfertigen und vervollständigen und vieles andere mehr. Viele Tabellen und Skizzen haben wir für dich schon so weit vorbereitet, dass du ohne Mühe sofort mit der Bearbeitung der Aufgabe beginnen und Eintragungen vornehmen kannst. So kannst du die Inhalte aus dem Schulbuch auf vielfältige, abwechslungsreiche Weise bearbeiten. Das Arbeitsheft ist entsprechend zum Schulbuch in Abschnitte gegliedert, so dass du sofort erkennst, welche Übungen im Arbeitsheft zu den im Unterricht behandelten Themen passen.

Im Rand weisen wir mit Symbolen, die du auch schon aus dem Schulbuch kennst, auf einige Besonderheiten hin:

Diese Aufgabe sollst du zusammen mit einer Mitschülerin oder einem Mitschüler in Partnerarbeit bearbeiten.

In dieser Aufgabe geht es darum, Fehler zu finden.

In dieser Aufgabe geht es ein bisschen knifflig zu. Du musst vielleicht etwas länger und genauer nachdenken, bis du die richtige Idee hast.

An einigen Stellen findest du Seiten mit dem Titel „Bist du kompetent ...“ auf einem gelben Hintergrund. Hier werden ganz verschiedene Aufgaben zu dem angegebenen Thema zusammengestellt, mit denen du feststellen kannst, ob du die geforderten Kompetenzen schon ganz erworben hast.

Einige Aufgaben beziehen sich auf den Bastelbogen in der Heftmitte. Zur Lösung benötigst du ein Hilfsmittel, das du aus dem Bastelbogen ausschneiden und manchmal auch zusammenbauen musst.

Wir wünschen dir viel Erfolg und Freude beim Bearbeiten der Aufgaben in diesem Arbeitsheft!

1.1 Ähnliche Vielecke

1. Suche die Figuren heraus, die zueinander ähnlich sind, und kennzeichne sie mit gleichen Buchstaben.

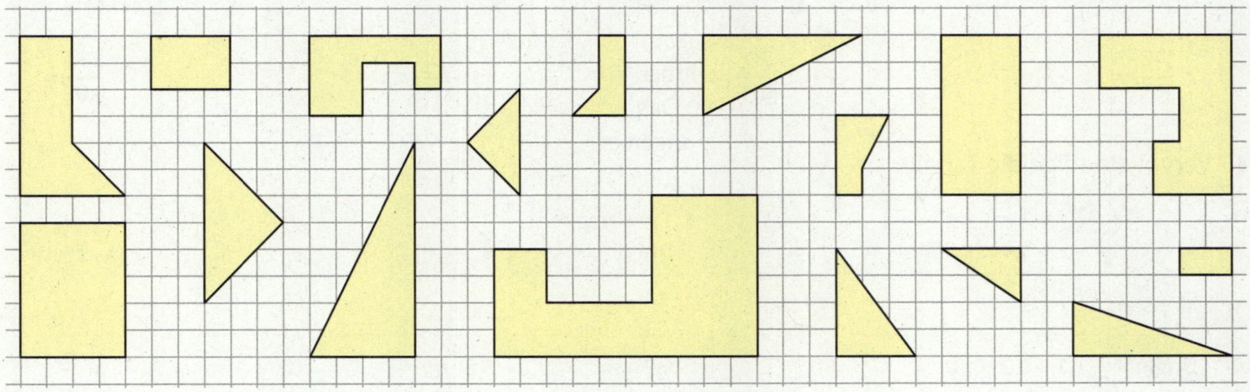

2. a) Zeichne das Viereck ABCD mit A(0,5 | 0,5), B(3,5 | 0,5), C(2,5 | 2,5) und D(1 | 3) in das Koordinatensystem.
Zeichne dann eine dazu ähnliche Figur mit dem Ähnlichkeitsfaktor 1,5. Markiere entsprechende Seiten und Winkel.

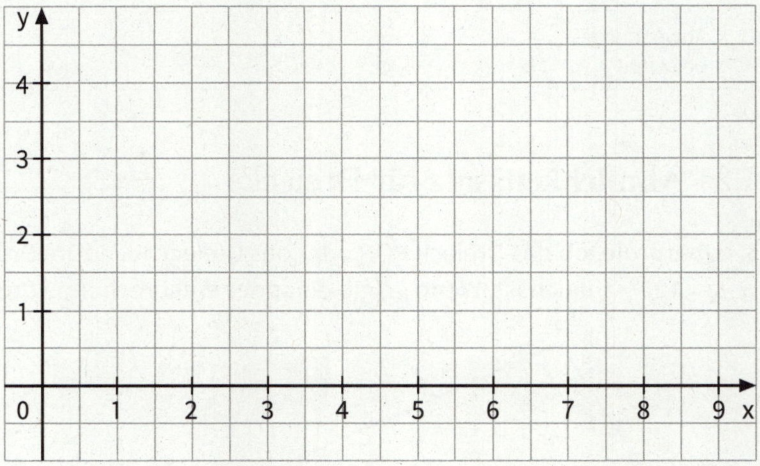

b) Zeichne das Viereck ABCD mit A(0 | 3), B(5 | − 2), C(8 | 2), D(3 | 4) sowie das Viereck KLMN mit K(0,5 | −3,5), L(3 | − 2,5), M(1,5 | − 0,5), N(−1 | −3) in das Koordinatensystem. Miss die Längen und die Winkel der Vierecke. Sind die Vierecke zueinander ähnlich? Markiere einander entsprechende Seiten und Winkel und bestimme den Ähnlichkeitsfaktor k. Die Innenwinkel im Viereck ABCD heißen α, β, γ und δ; die im Viereck KLMN heißen κ, λ, μ und ν.

|AB| = |NK| =

|BC| = |KL| =

|CD| = |LM| =

|DA| = |MN| =

α = κ =

β = λ =

γ = μ =

δ = ν =

Ähnlichkeitsfaktor k =

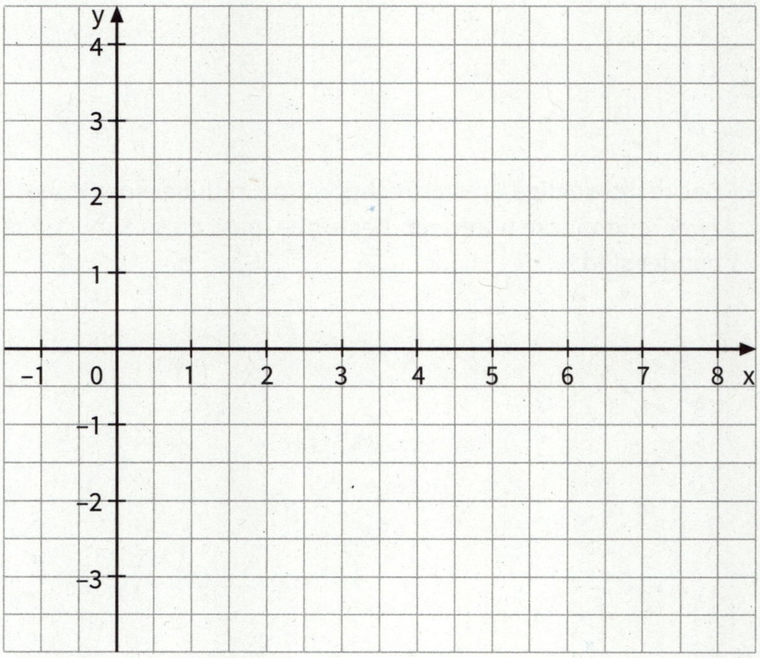

3. Entnimm der Zeichnung das Längenverhältnis.

a) **b)** **c)** **d)**

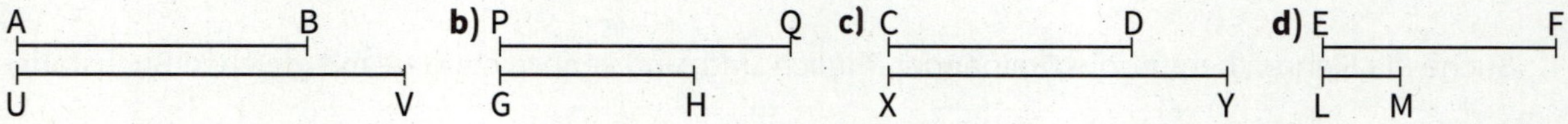

$\frac{|AB|}{|UV|} =$ $\frac{|PQ|}{|GH|} =$ $\frac{|CD|}{|XY|} =$ $\frac{|EF|}{|LM|} =$

4. Vervollständige die Tabelle.

	1 cm entspricht 250 m		1 m entspricht 5 mm			
Maßstab		1:75 000				1:87
Original	1,2 km		0,2 mm	5,50 m	80 km	35 m
Bild		18 cm		11 cm	4 cm	
Anwendungsbeispiel						Modellbahn H0

1.2 Ähnlichkeitssatz für Dreiecke

5. Überprüfe, ob das Dreieck PQR oder das Dreieck KLM zum Dreieck ABC mit $|AC| = 3{,}8\,\text{cm}$, $\alpha = 55°$ und $\gamma = 100°$ ähnlich ist. Wenn ja, gib einander entsprechende Stücke an.

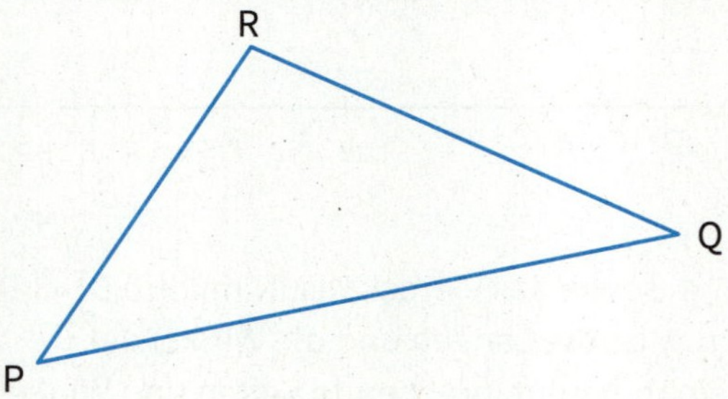

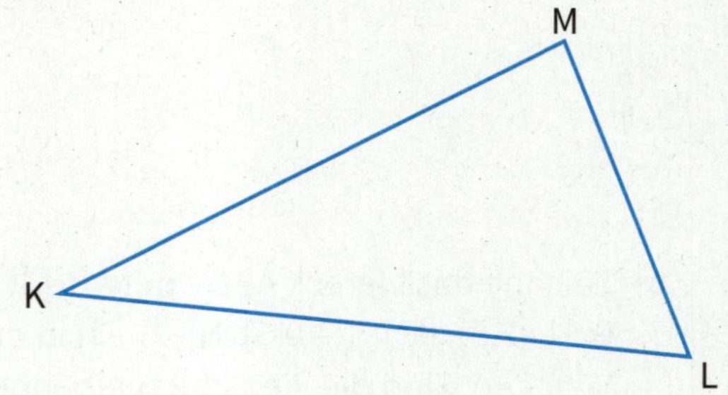

6. Das rechtwinklige Dreieck rechts wurde mithilfe einer Höhe in zwei Teildreiecke unterteilt. Begründe, dass diese ähnlich zueinander sind.

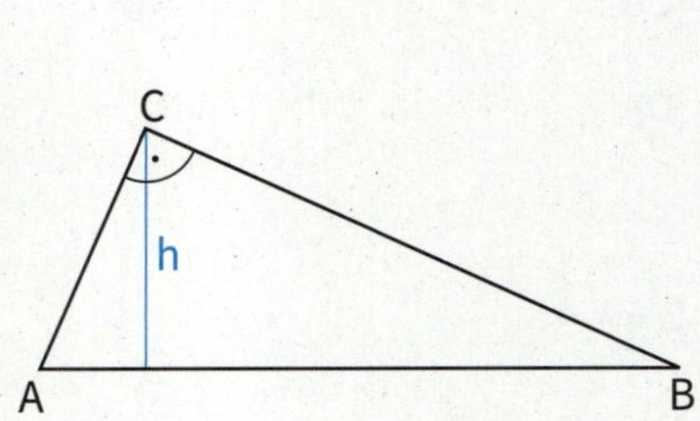

1.3 Strategien zum Berechnen von Streckenlängen

7. Überprüfe, ob die Verhältnisse richtig angegeben wurden. Korrigiere gegebenenfalls.

a)

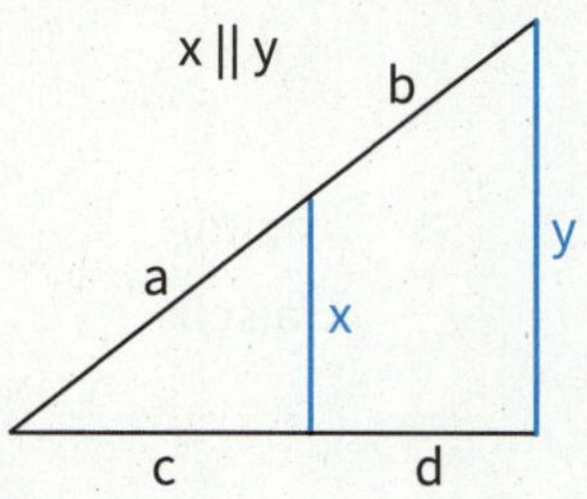

$a : b = x : y$ — richtig / falsch

$y : (c + d) = x : c$ — richtig / falsch

b) Vervollständige die Tabelle.

a	b	c	d	x	y	$\frac{x}{y}$	$\frac{a}{b}$	$\frac{a+b}{a}$
	1 cm		1 cm	1 cm		$\frac{2}{3}$		
3 m		4 m			$\frac{2}{3}$ cm		3	
	6 dm		14 dm	7 dm		1 : 3		

8. Vom Strand einer Insel aus sieht man in einiger Entfernung große Containerschiffe vorbei fahren. Hält man einen Daumen am ausgestreckten Arm in Richtung des Schiffs, so deckt der Daumen das Schiff gerade ab. Solche großen Containerschiffe sind ungefähr 350 m lang.
Ergänze die angefangene Skizze zu einer Strahlensatzfigur. Trage alle bekannten Streckenlängen ein und ermittle daraus näherungsweise die Entfernung des Schiffes von der Insel.

9. Lilli steht neben einer Straßenlaterne, die einen 4,50 m langen Schatten wirft. Lillis Schatten ist zu diesem Zeitpunkt 1,40 m lang. Sie weiß, dass sie 1,75 m groß ist. Ergänze die Skizze rechts und berechne die Höhe der Straßenlaterne.

10. Überprüfe, ob die Verhältnisse richtig angegeben wurden. Korrigiere gegebenenfalls.

a) $\overline{AB} \parallel \overline{CD}$

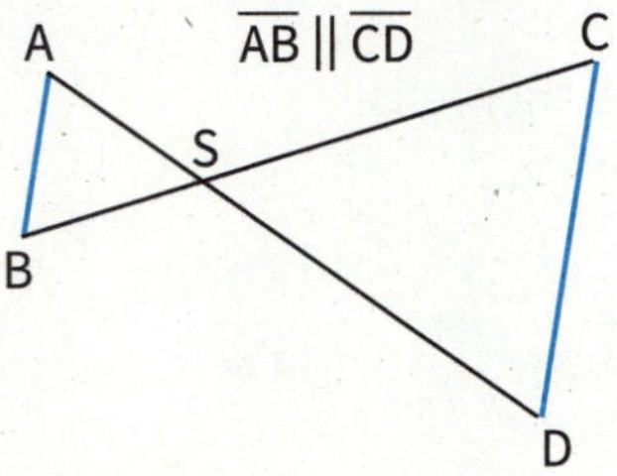

$\frac{|AS|}{|DS|} = \frac{|SC|}{|SB|}$

richtig

falsch

$|SA| : |AB| = |SD| : |CD|$

richtig

falsch

b) Vervollständige die Tabelle.

|AS|	|BS|	|CS|	|DS|	|AB|	|CD|	|AB| : |CD|
6 cm		4 cm			3 cm	3 : 1
6 m		8 m		4 m		$\frac{1}{3}$

11. Am Kanal sind Strecken der Länge 15 m und 30 m abgesteckt.
Auf der diesseitigen Landseite ist rechtwinklig zum Kanal eine 18 m lange Strecke abgesteckt.
Berechne die Breite des Kanals.

1.4 Beweisen mithilfe der Ähnlichkeit

12. a) Zeichne in das Koordinatensystem die Gerade g durch die Punkte A(−0,5 | −5) und B(2,5 | 1) sowie die Gerade h mit $y = 2x + 2$ ein.

b) Die Koordinatenachsen und die Geraden schließen jeweils ein Dreieck ein. Färbe die Dreiecke ein und benenne sie.

c) Beweise, dass die beiden Dreiecke ähnlich zueinander sind.

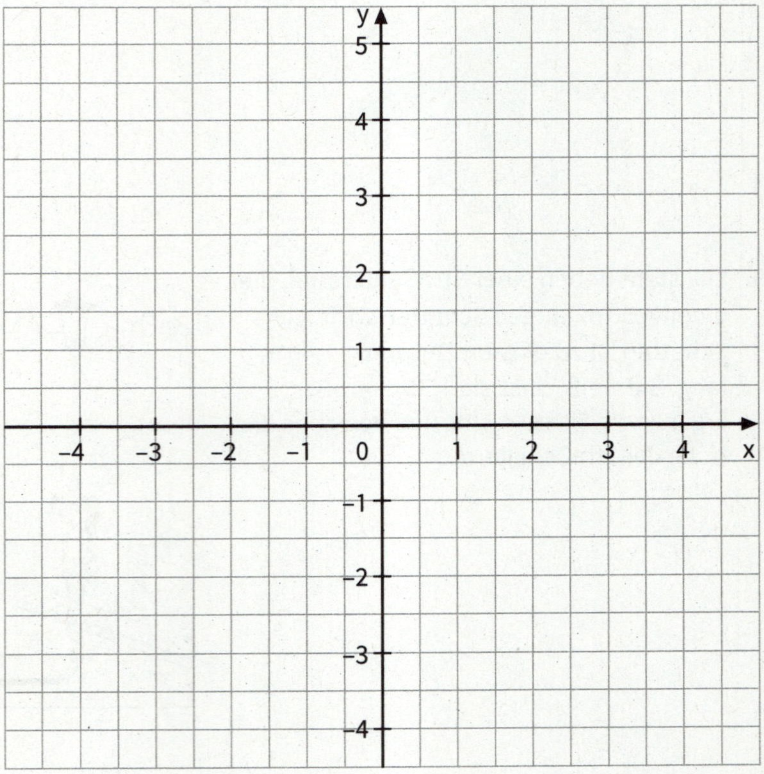

Vergrößern und Verkleinern mit dem Pantographen

13. *Vorbemerkung:* Baue den Pantographen auf dem Bastelbogen in der Heftmitte sorgfältig zusammen.

a) Vergrößere Figur 1 mit dem Pantographen.

b) Verkleinere Figur 2 mit dem Panthographen.

c) Zeichne in deinem Heft selbst eine Figur, die vergrößert oder verkleinert werden soll. Tausche deine Zeichnung mit deinem Partner aus und vergrößere oder verkleinere die Figur.

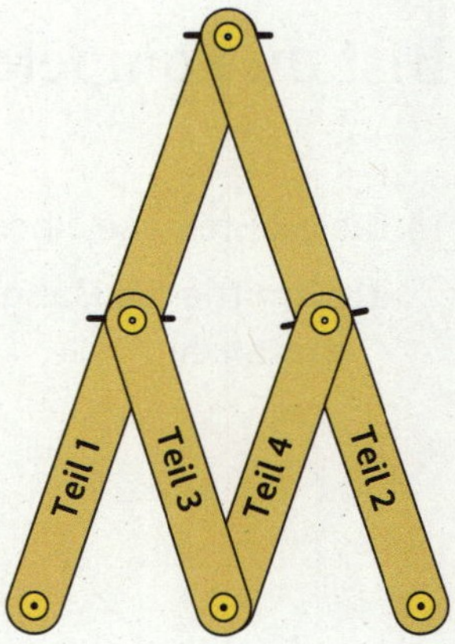

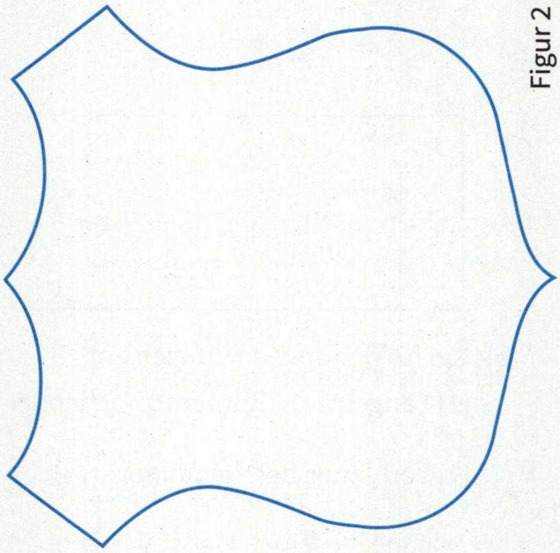

Figur 2

Bild der Figur 1

Figur 1

Bild der Figur 2

× Befestigungsstift

× Befestigungsstift

Bist du kompetent im Problemlösen im Berechnen zueinander ähnlicher Körper?

14. Die größte Dose eines Gefrierdosensets hat die Maße 25 cm x 20 cm x 8 cm.

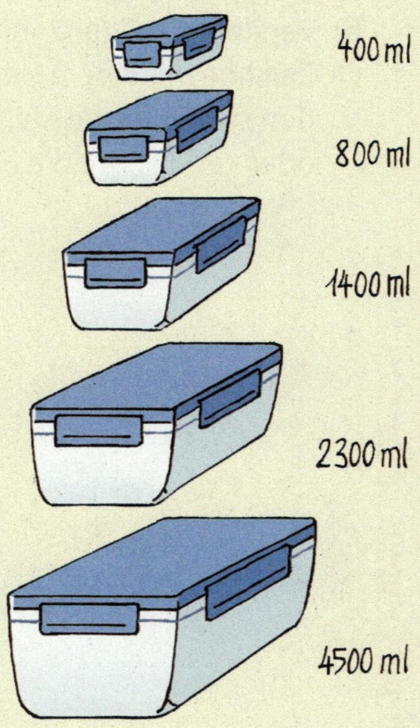

a) Ermittle die Maße der 500-ml-Dose und zeichne sie in die Abbildung unten ein.

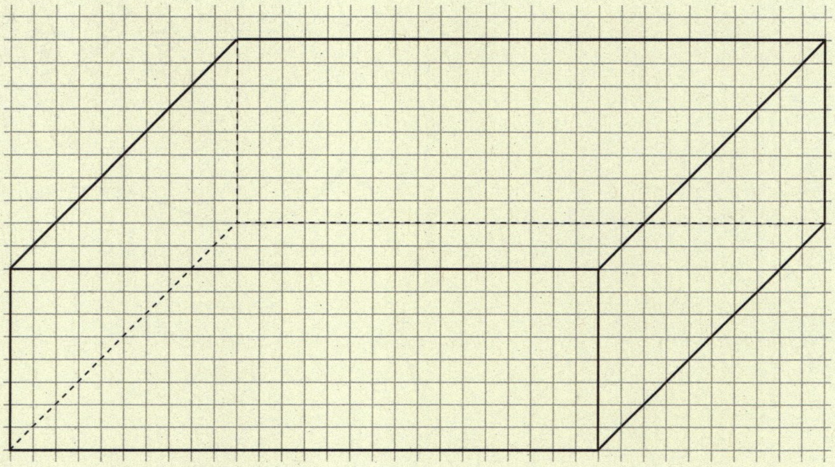

b) Gib für diese beiden Dosen an:

(1) Längenverhältnis entsprechender Kanten:

(2) Verhältnis der Volumina:

c) Zeichne im selben Maßstab wie oben sowohl für die 4 000-ml-Dose als auch die 500-ml-Dose ein Netz. Gib anschließend das Verhältnis der Oberflächeninhalte an.

d) Vergleiche die 400-ml-Dose mit der 4 000-ml-Dose und ermittle hierfür

(1) das Volumenverhältnis;

(2) das Längenverhältnis entsprechender Kanten (näherungsweise);

(3) das Verhältnis der Oberflächeninhalte.

2.1 Quadratische Funktionen – Definition

1. Mit einer 36 cm langen Schnur kann man verschiedene Rechtecke spannen.

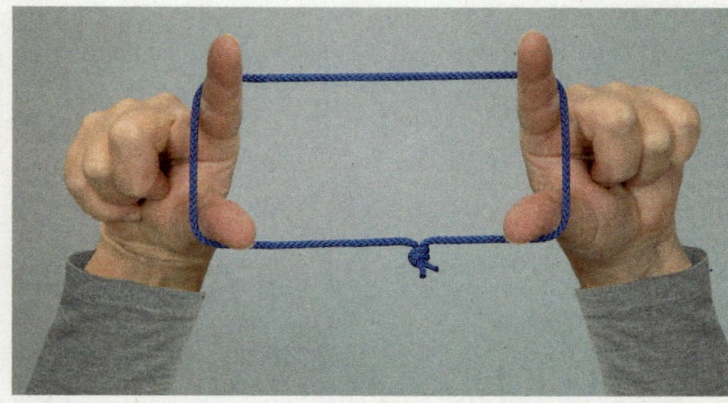

a) Notiere mögliche Seitenlängen in der Tabelle. Berechne den Flächeninhalt des jeweiligen Rechtecks. Zeichne den Graphen der Funktion *Seitenlänge x → Flächeninhalt A*.

Erste Seitenlänge x (in cm)	Zweite Seitenlänge z (in cm)	Flächeninhalt A (in cm^2)

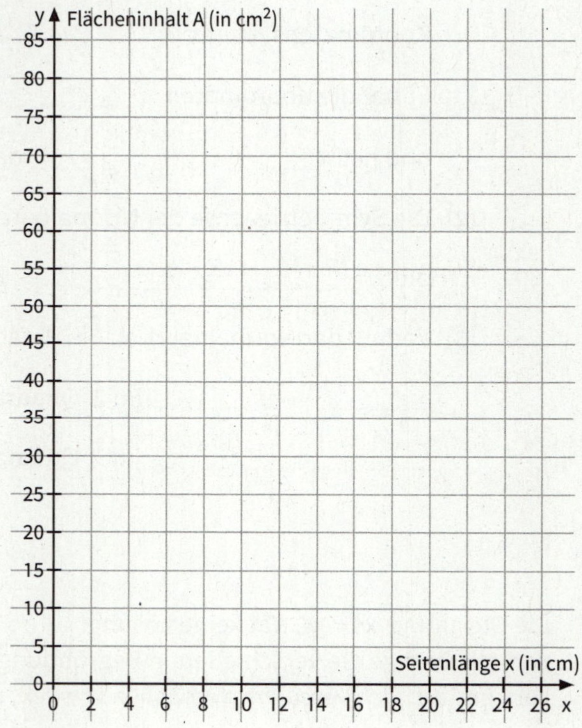

b) Beschreibe den Verlauf des Graphen.

....

....

....

c) Versuche die Herleitung der Funktionsgleichung nachzuvollziehen und begründe die einzelnen Schritte.

$2x + 2z = 36$ ....

$x + z = 18$ ....

$z = 18 - x$ ....

$A = x \cdot z$ ....

$= x(18 - x)$ ....

$= 18x - x^2$ ....

2.2 Quadratfunktion – Normalparabel – Gleichungen der Form $x^2 = r$

2. a) Vervollständige die Wertetabelle für die Quadratfunktion f mit $f(x) = x^2$.

x	−3	−2,5	−2	−1,5	−1	−0,5	0	0,5	1	1,5	2	2,5	3
x^2													

b) Zeichne den Graphen der Quadratfunktion, die Normalparabel.

c) Ergänze:

(1) Der tiefste Punkt der Normalparabel liegt im .... des Koordinatensystems.

Er hat die Koordinaten ....

und heißt .... der Parabel.

(2) Die Symmetrieachse der Normalparabel ist die ....

(3) Verlauf der Normalparabel: Die Parabel

.... im 2. Quadranten und

.... im 1. Quadranten.

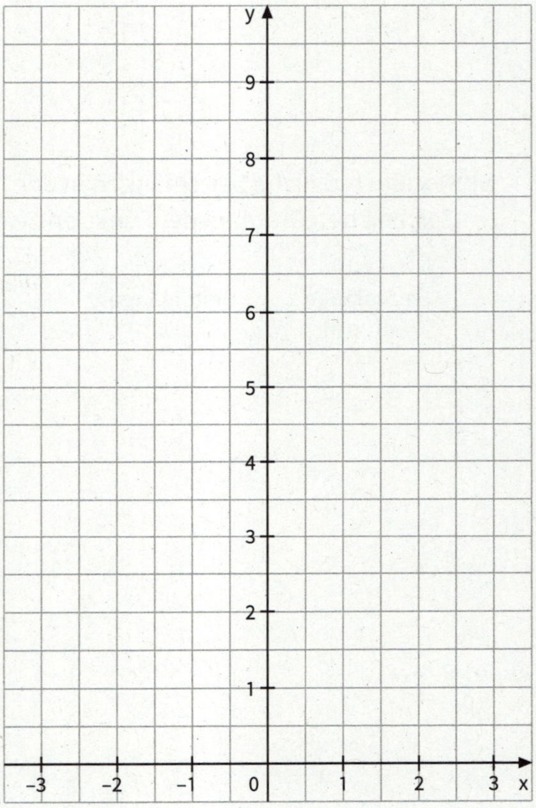

3. Die Gleichung $x^2 = -4$ hat keine Lösung.
Vervollständige die verschiedenen Begründungen.
Lara erklärt: *„Ich versuche eine Zahl zu finden, die mit sich selbst multipliziert −4 ergibt.*

Das geht nicht, weil ....

....

....

Hannah skizziert die Normalparabel und die Gerade $y = -4$ und meint:

„Beide Graphen ....

....

....

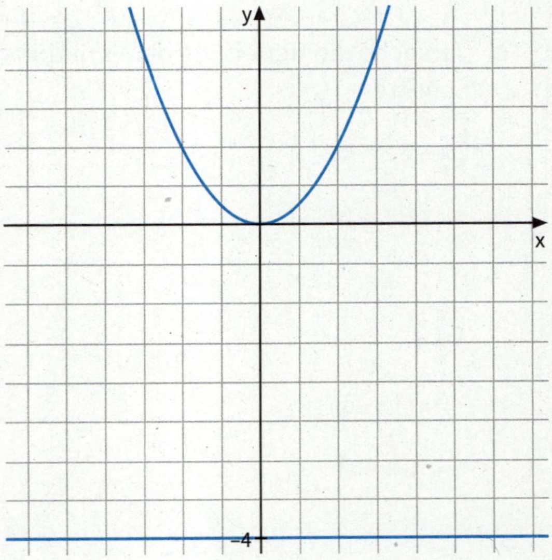

2.3 Verschieben der Normalparabel

2.3.1 Verschieben der Normalparabel parallel zur y-Achse

4. Auf dem Bastelbogen in der Heftmitte befindet sich eine Schablone für die Normalparabel. Du benötigst diese für die Aufgaben auf Seite 11-20. Schneide sie sorgfältig aus.

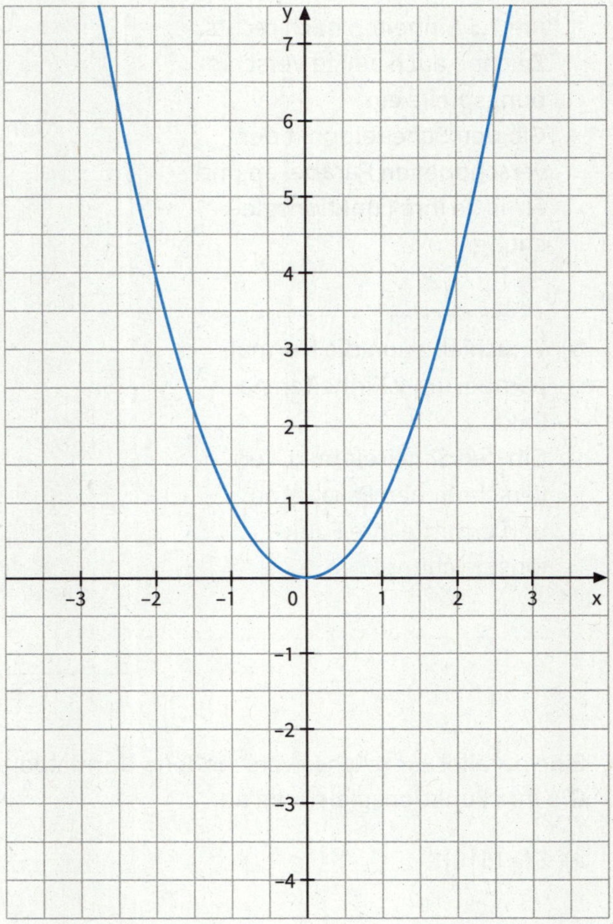

a) Verschiebe mithilfe der Schablone die Normalparabel um 3 Einheiten nach oben. Zeichne auch einige Verschiebungspfeile ein. Gib den Scheitelpunkt der verschobenen Parabel an und ermittle ihre Funktionsgleichung.

....

b) Verschiebe nun die Normalparabel um 4 Einheiten nach unten.
Gib den Scheitelpunkt der verschobenen Parabel an und ermittle ihre Funktionsgleichung.

....

5. Eine parallel zur y-Achse verschobene Normalparabel hat den Scheitelpunkt S.
Gib die Funktionsgleichung an.

a) S(0|−15) ....

b) S(0 | 11,8) ....

6. Beschreibe mit Worten den Graphen der Funktion f. Gib auch an, ob er die x-Achse schneidet.

a) $f(x) = x^2 + 7{,}5$ ....

....

b) $f(x) = x^2 - 25$ ....

....

7. **a)** Der Graph einer parallel zur y-Achse verschobenen Normalparabel soll die x-Achse bei A(−1,5 | 0) und B(1,5 | 0) schneiden.
Skizziere die Parabel und gib ihre Gleichung an.

b) Eine andere parallel zur y-Achse verschobene Normalparabel schneidet die x-Achse in den Punkten C(− 10 | 0) und D(10 | 0).
Ermittle die Gleichung der Parabel.

2.3.2 Verschieben der Normalparabel parallel zur x-Achse – Gleichungen der Form $(x + d)^2 = r$

8. a) Verschiebe mithilfe der Schablone die Normalparabel um 2,5 Einheiten nach rechts. Zeichne auch einige Verschiebungspfeile ein.
Gib den Scheitelpunkt der verschobenen Parabel an und ermittle ihre Funktionsgleichung.

....

b) Verschiebe nun die Normalparabel um 2 Einheiten nach links.
Gib den Scheitelpunkt der verschobenen Parabel an und ermittle ihre Funktionsgleichung.

....

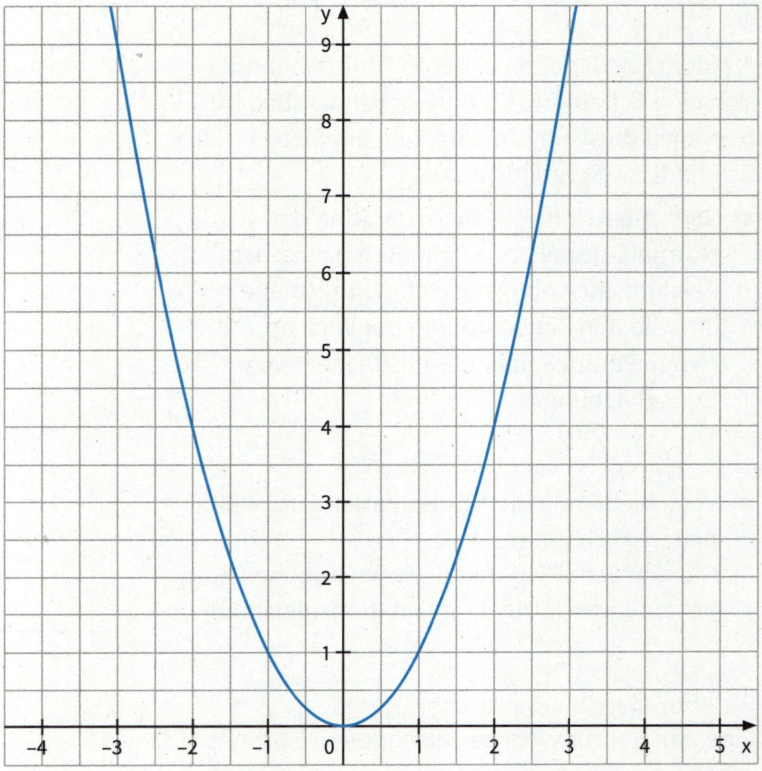

9. Eine parallel zur x-Achse verschobene Normalparabel hat den Scheitelpunkt S.
Gib ihre Funktionsgleichung an.

a) S(–15|0)) ....

b) S(11,8|0) ....

10. Verschiebe die Normalparabel so in Richtung der x-Achse, dass die verschobene Parabel durch den Punkt P(2|9) geht. Es gibt zwei Möglichkeiten.
Gib für beide je eine Funktionsgleichung und den Scheitelpunkt an.

....

....

....

....

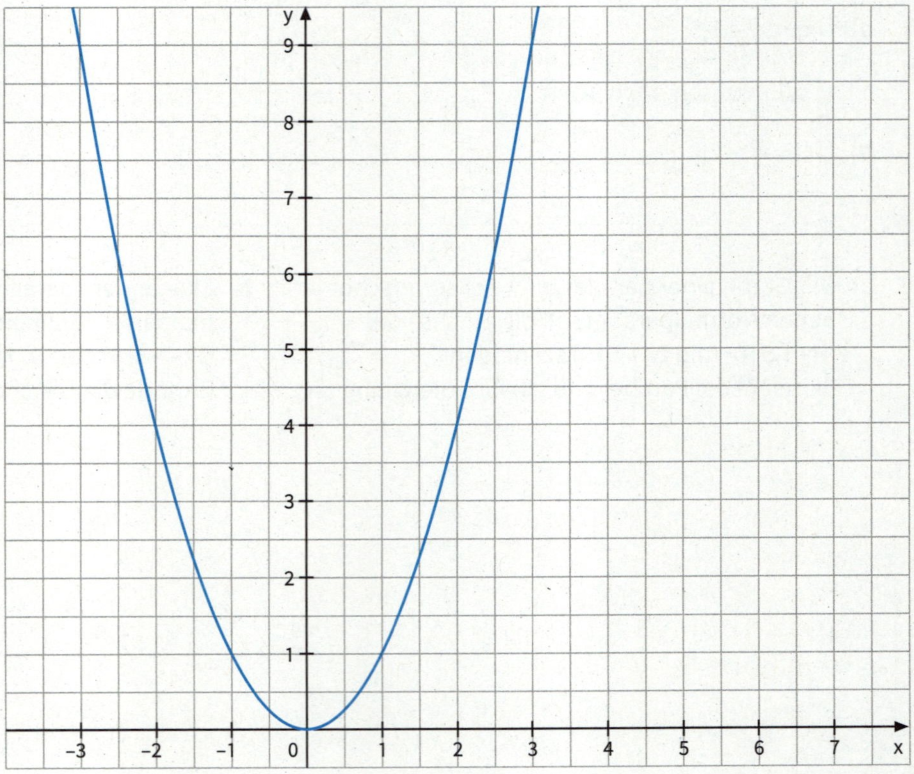

11. a) Zeichne die Graphen und bestimme jeweils Scheitelpunkt und Nullstelle.

$f(x) = (x-3)^2$

Scheitelpunkt: ....

Nullstelle: ....

$g(x) = (x+1)^2$

Scheitelpunkt: ....

Nullstelle: ....

$h(x) = x^2 + 1$

Scheitelpunkt: ....

Nullstelle: ....

b) Ermittle rechnerisch für die drei Funktionen, an welcher Stelle sie den Funktionswert 4 haben. Kontrolliere an der Zeichnung.

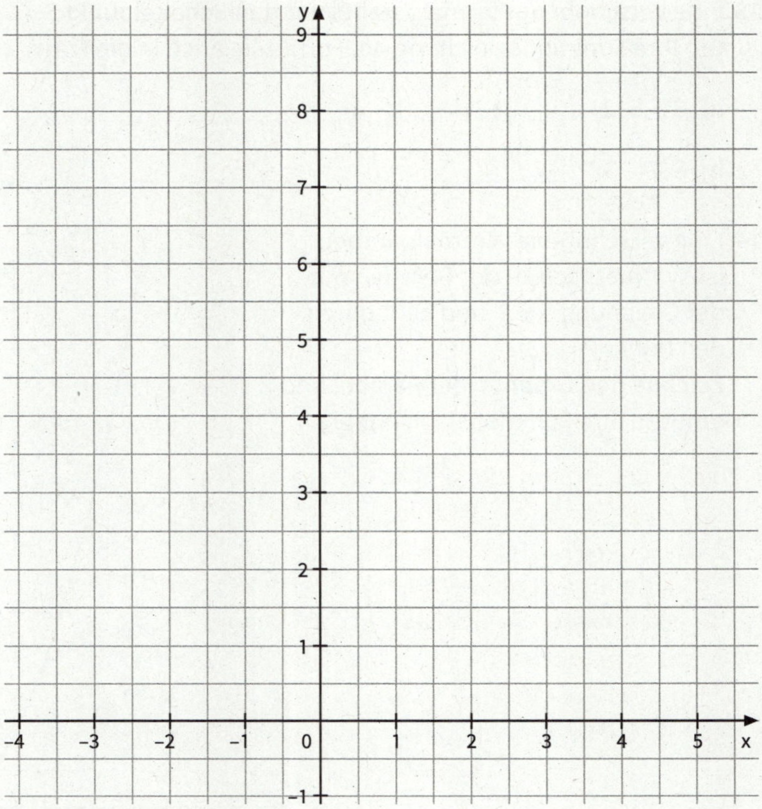

2.3.3 Verschieben der Normalparabel in beliebiger Richtung – Scheitelpunktform – Quadratische Gleichungen der Form $x^2 + px + q = 0$

12. a) Verschiebe mithilfe der Schablone die Normalparabel um 3 Einheiten nach rechts und um 2 Einheiten nach oben. Zeichne für beide Verschiebungen auch einige Verschiebungspfeile ein. Gib den Scheitelpunkt der verschobenen Parabel an und ermittle ihre Funktionsgleichung.

....

b) Verschiebe nun die Normalparabel um 2,5 Einheiten nach links und um 1 Einheit nach unten. Gib den Scheitelpunkt der verschobenen Parabel an und ermittle ihre Funktionsgleichung.

....

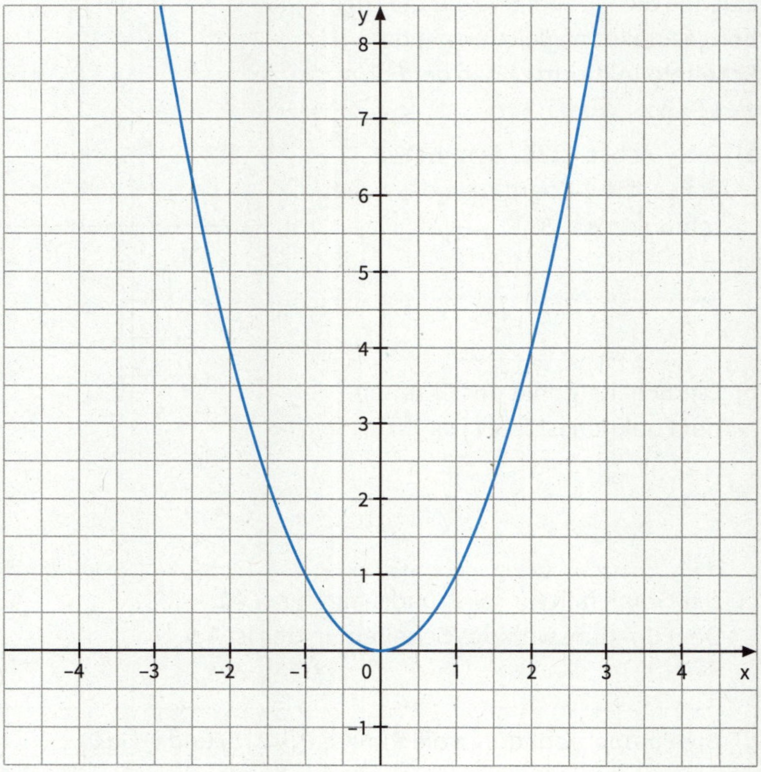

13. Eine verschobene Normalparabel hat den Scheitelpunkt S.
Gib ihre Funktionsgleichung an. Forme sie auch in die Form $x^2 + px + q$ um.

a) $S(-5|2)$ ....

b) $S(7|-3)$ ....

14. Eine verschobene Normalparabel ist symmetrisch zu der Geraden mit der Gleichung $x = 3$ und geht durch den Punkt $P(1|3)$.
Zeichne den Graphen der Parabel und ermittle ihre Funktionsgleichung.

....

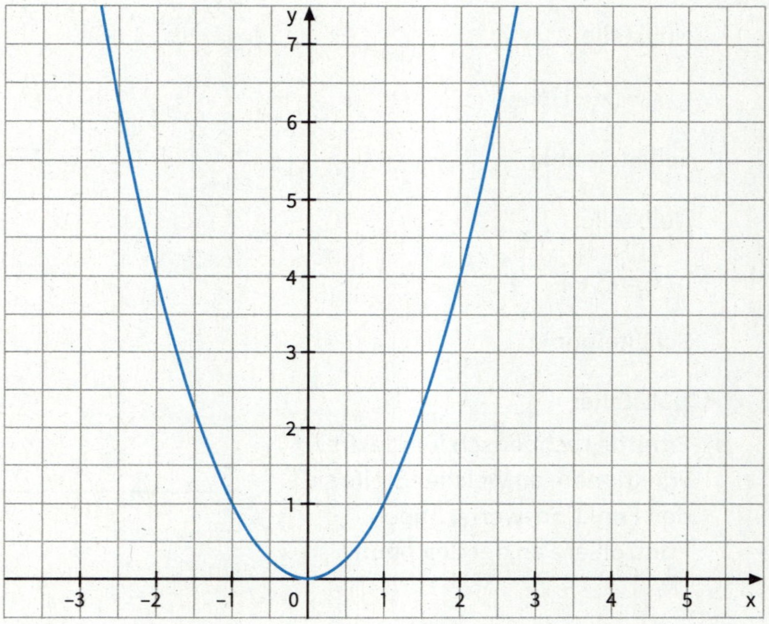

15. Von einer verschobenen Normalparabel sind einige Eigenschaften bekannt.
Zeichne die Parabel und gib die zugehörige Funktionsgleichung in der Scheitelpunktform und in der Form $y = x^2 + px + q$ an.

a) Die y-Achse ist die Symmetrieachse, die y-Koordinate des Scheitelpunkts ist -3.

....

....

b) Der Scheitelpunkt des Graphen der Funktion ist $S(-1|1)$.

....

....

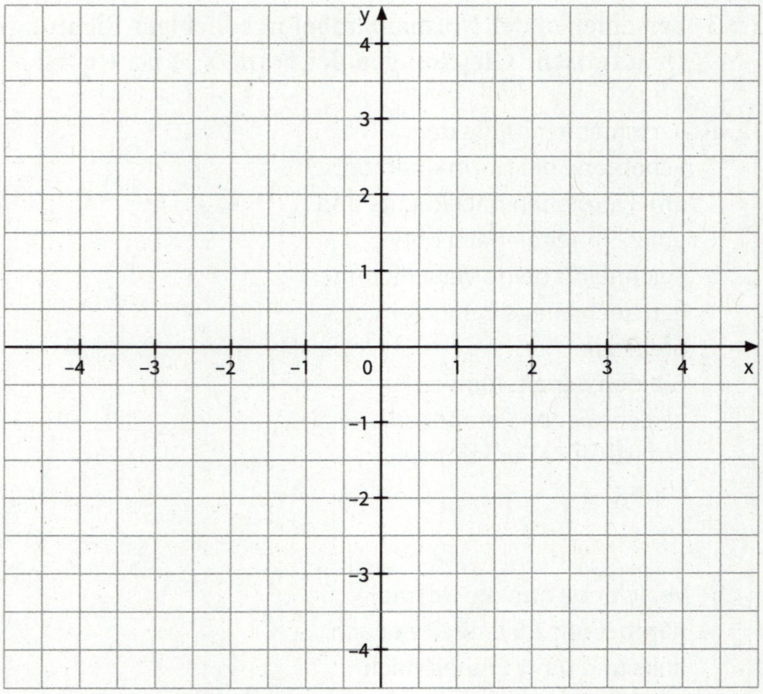

c) Der Graph fällt für $x < 2$ und steigt für $x > 2$.
Der Funktionswert des Scheitelpunktes ist 1,5.

....

d) Die Parabel geht durch die Punkte $P(-2|3)$ und $Q(1|0)$.

....

16. Kennzeichne die Felder für Funktionen und Eigenschaften der Graphen, die zusammengehören, mit der gleichen Nummer.

$f(x) = x^2 + 2$	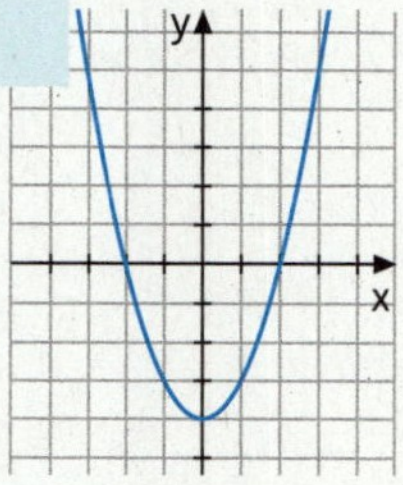	Scheitelpunkt $S(-2\|2)$	fallend für $x < -4$ steigend für $x > -4$	Symmetrieachse: $x = -2$
Symmetrieachse: $x = 2$	Nullstelle -4	$f(x) = x^2 + 8x + 16$	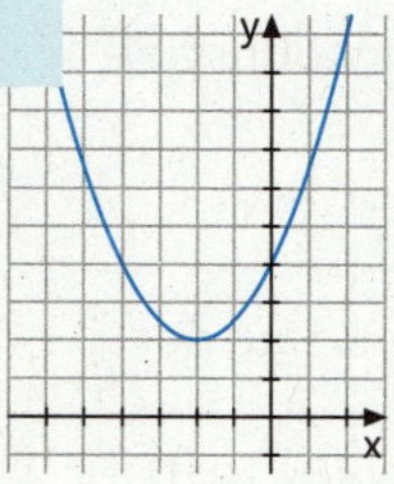	$f(x) = (x+2)(x-2)$
$f(x) = (x+4)^2$	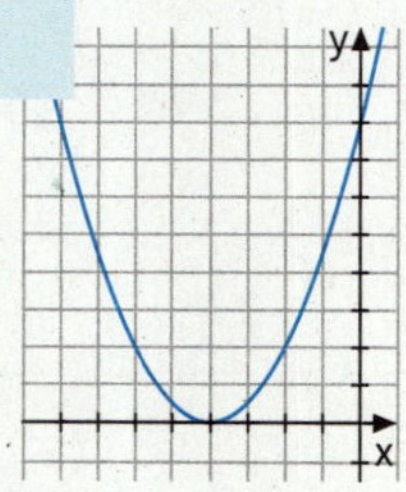	Scheitelpunkt $S(0\|-4)$	fallend für $x < 0$ steigend für $x > 0$	Nullstellen -2 und 2
fallend für $x < 0$ steigend für $x > 0$	Symmetrieachse: y-Achse	$f(x) = x^2 + 4x + 6$	Keine Nullstellen	Scheitelpunkt $S(2\|-1)$
Scheitelpunkt $S(-4\|0)$	$f(x) = x^2 - 4x + 3$	$f(x) = x^2 - 4$	fallend für $x < -2$ steigend für $x > -2$	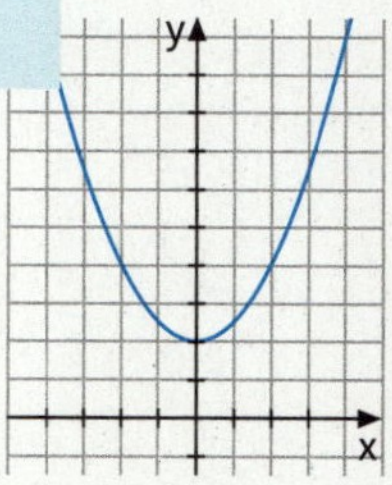
Nullstellen 1 und 3	fallend für $x < 2$ steigend für $x > 2$	Symmetrieachse: y-Achse	$f(x) = (x+2)^2 + 2$	$f(x) = (x-0)^2 + 2$
$f(x) = (x-2)^2 - 1$	Scheitelpunkt $S(0\|2)$	Keine Nullstellen	Symmetrieachse: $x = -4$	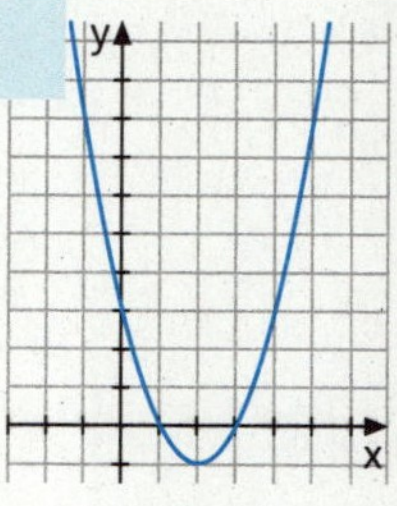

2.4 Strecken und Spiegeln der Normalparabel

17. a) Wähle einige Punkte auf der Normalparabel.
Verdopple deren y-Werte und zeichne die entsprechenden Punkte ein.
Auch diese Punkte liegen auf einer Parabel.
Zeichne diese ein und bestimme ihre Funktionsgleichung.

....

b) Wähle einige Punkte auf der Normalparabel.
Viertele deren y-Werte und zeichne die entsprechenden Punkte ein.
Auch diese Punkte liegen auf einer Parabel.
Zeichne diese ein und bestimme ihre Funktionsgleichung.

....

c) Spiegele die Normalparabel an der x-Achse.
Gib die Funktionsgleichung der gespiegelten Normalparabel an.

....

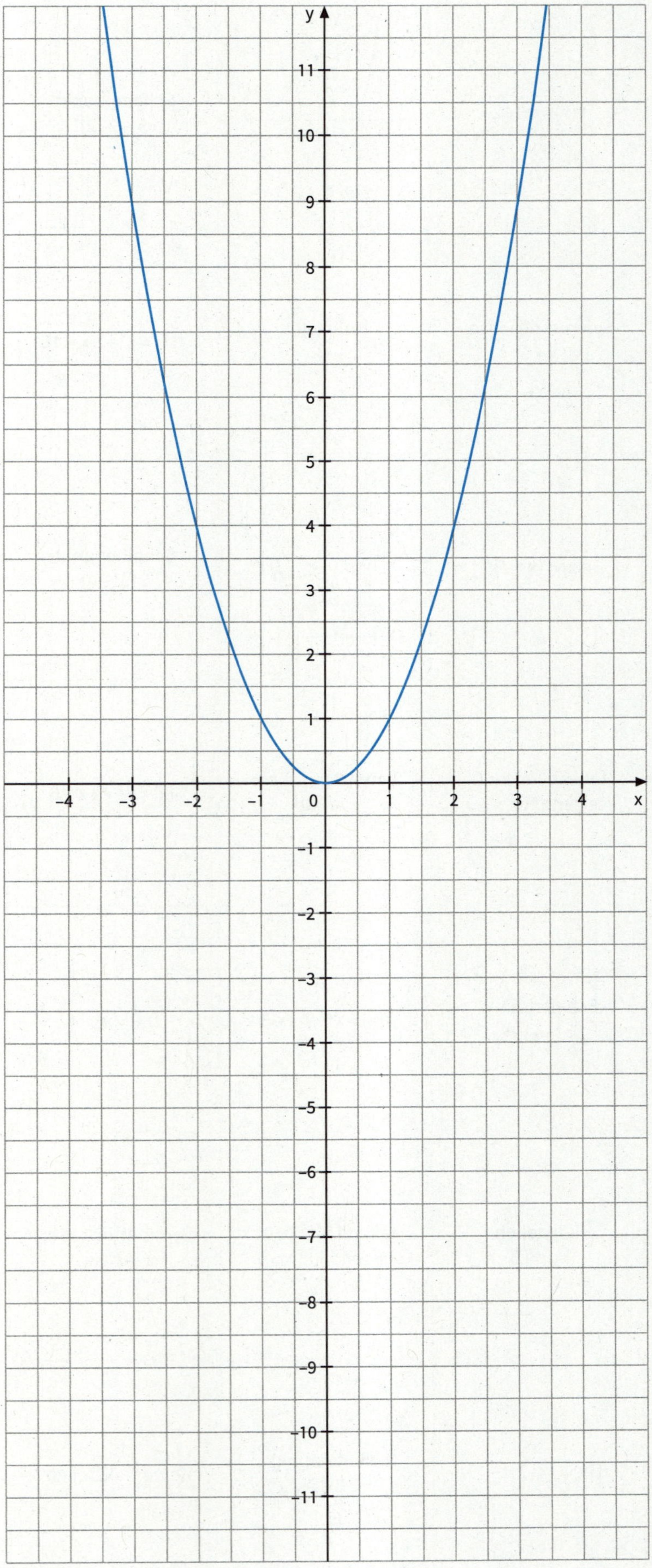

2.5 Strecken und Verschieben der Normalparabel – Gleichungen der Form $ax^2 + bx + c = 0$

18. a) Strecke die Normalparabel mit dem Faktor 1,5 parallel zur y-Achse. Verschiebe die gestreckte Parabel um 3 Einheiten nach rechts und um 1 Einheit nach unten. Bestimme für die so erhaltene Parabel eine Funktionsgleichung.

....

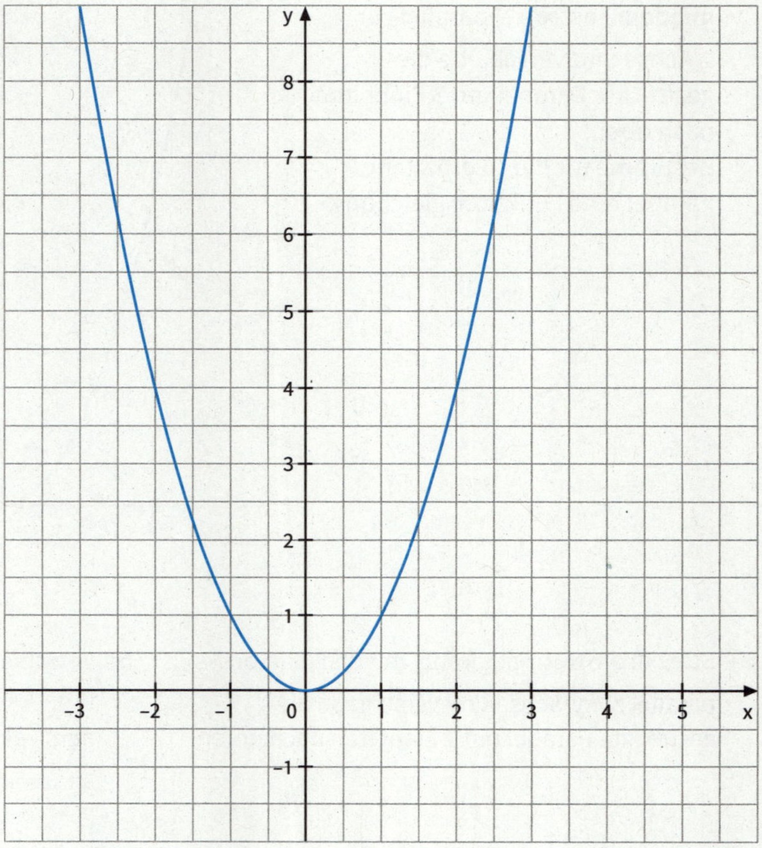

b) Strecke die Normalparabel mit dem Faktor $\frac{1}{2}$ parallel zur y-Achse. Verschiebe die gestreckte Parabel um 2 Einheiten nach links und um 3 Einheiten nach unten. Bestimme für die so erhaltene Parabel eine Funktionsgleichung.

....

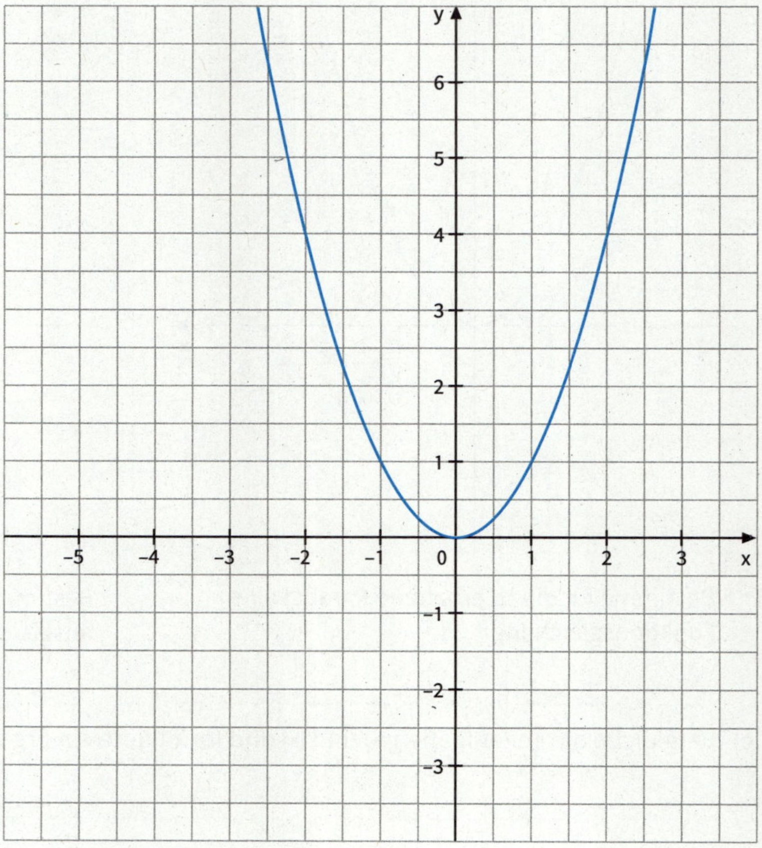

c) Verschiebe die Normalparabel um 2 Einheiten nach rechts und strecke die verschobene Parabel mit dem Faktor $-\frac{1}{2}$ parallel zur y-Achse und verschiebe die gestreckte Parabel um 3 Einheiten nach oben.
Bestimme für die so erhaltene Parabel eine Funktionsgleichung.

....

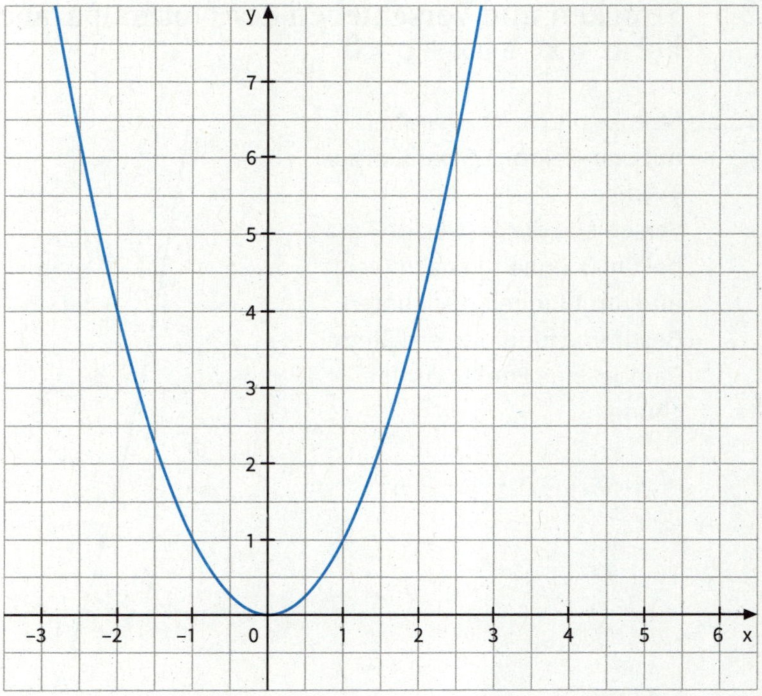

19. a) Strecke die Normalparabel mit dem Faktor $\frac{1}{2}$ parallel zur y-Achse und verschiebe die gestreckte Parabel um 2 Einheiten nach unten.

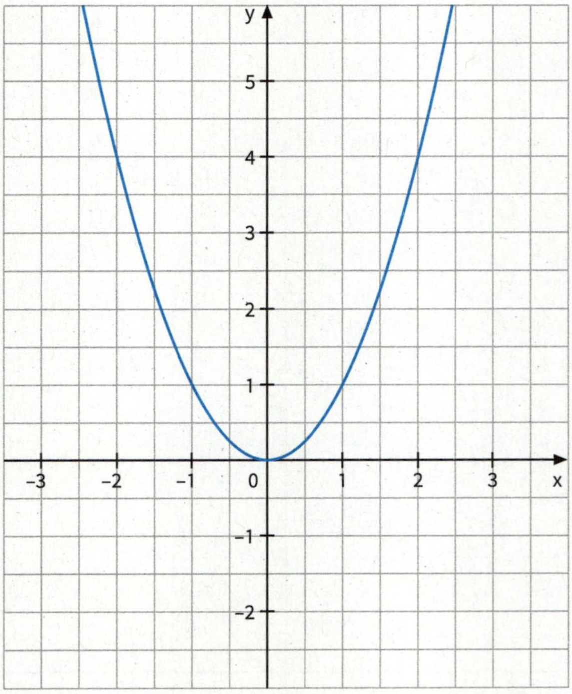

Bestimme für die so erhaltene Parabel eine Funktionsgleichung.

....

b) Verschiebe die Normalparabel um 2 Einheiten nach unten und strecke die verschobene Parabel mit dem Faktor $\frac{1}{2}$ parallel zur y-Achse.

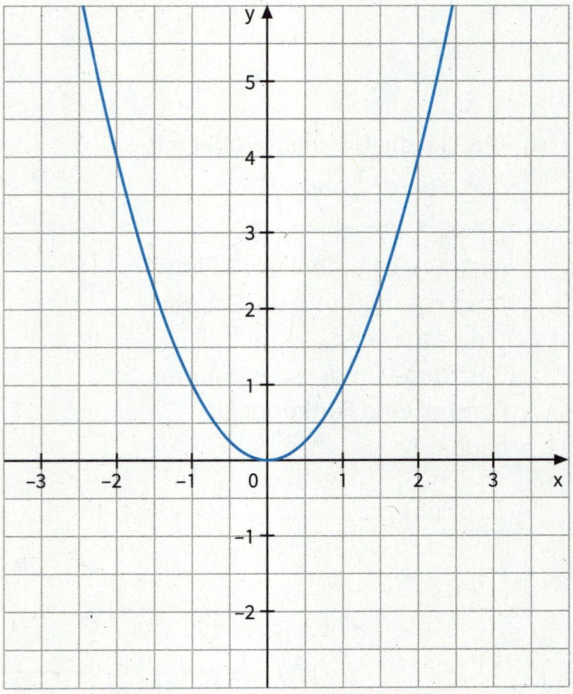

Bestimme für die so erhaltene Parabel eine Funktionsgleichung.

....

c) Vergleiche die Teilaufgaben a) und b) und formuliere ein Ergebnis.

....

20. **a)** Verschiebe die Normalparabel um 1,5 Einheiten nach rechts und strecke die verschobene Parabel mit dem Faktor 2 parallel zur y-Achse.

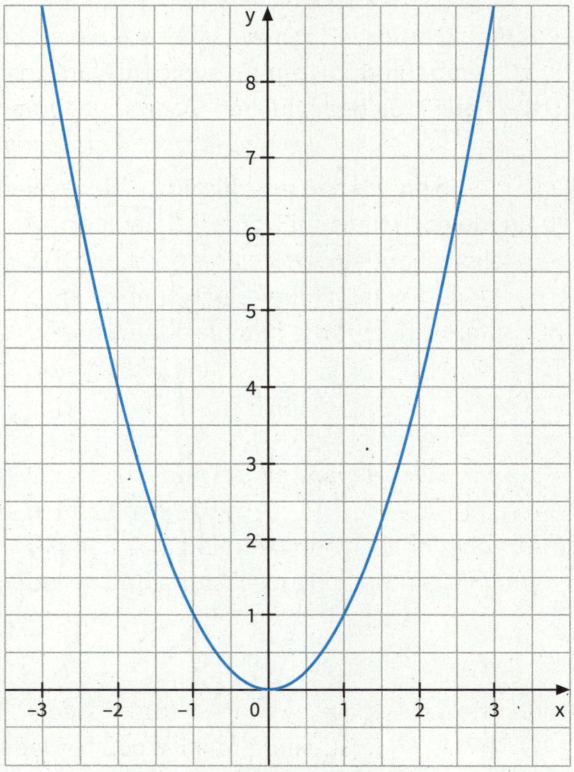

Bestimme für die so erhaltene Parabel eine Funktionsgleichung.

....

b) Strecke die Normalparabel mit dem Faktor 2 parallel zur y-Achse und verschiebe die gestreckte Parabel um 1,5 Einheiten nach rechts.

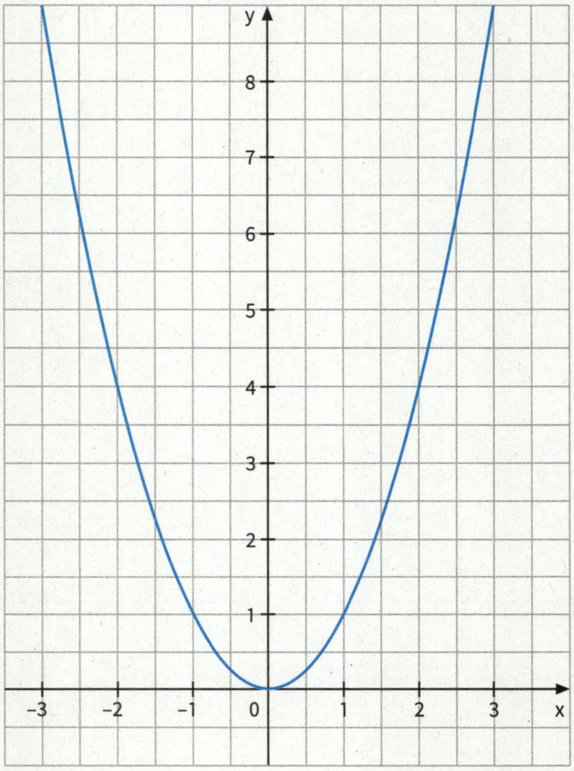

Bestimme für die so erhaltene Parabel eine Funktionsgleichung.

....

c) Vergleiche die Teilaufgaben a) und b) und formuliere ein Ergebnis.

....

21. Anna führt in Gedanken jeweils zwei Abbildungen an einer Parabel hintereinander aus. Auf welchen Karten darf man die Reihenfolge der beiden Abbildungen tauschen, ohne eine andere Parabel zu erhalten?

1) Verschiebe in Richtung der x-Achse um 5 Einheiten nach links.
Dann strecke in Richtung der y-Achse mit dem Faktor 3.

2) Verschiebe in Richtung der y-Achse um 4 Einheiten nach oben.
Dann spiegle an der x-Achse.

3) Verschiebe in Richtung der y-Achse um 3 Einheiten nach unten.
Dann strecke in Richtung der y-Achse mit dem Faktor 0,5.

4) Verschiebe in Richtung der x-Achse um 3 Einheiten nach rechts.
Dann verschiebe in Richtung der y-Achse um 3 Einheiten nach unten.

5) Spiegle an der x-Achse.
Dann strecke in Richtung der y-Achse mit dem Faktor $\frac{3}{2}$.

6) Verschiebe in Richtung der x-Achse um 0,5 Einheiten nach links.
Dann spiegle an der x-Achse.

22. Die abgebildete Normalparabel soll der Graph der Funktion $f(x) = 2x^2 + 4x - 4$ sein.
Zeichne das Koordinatensystem.

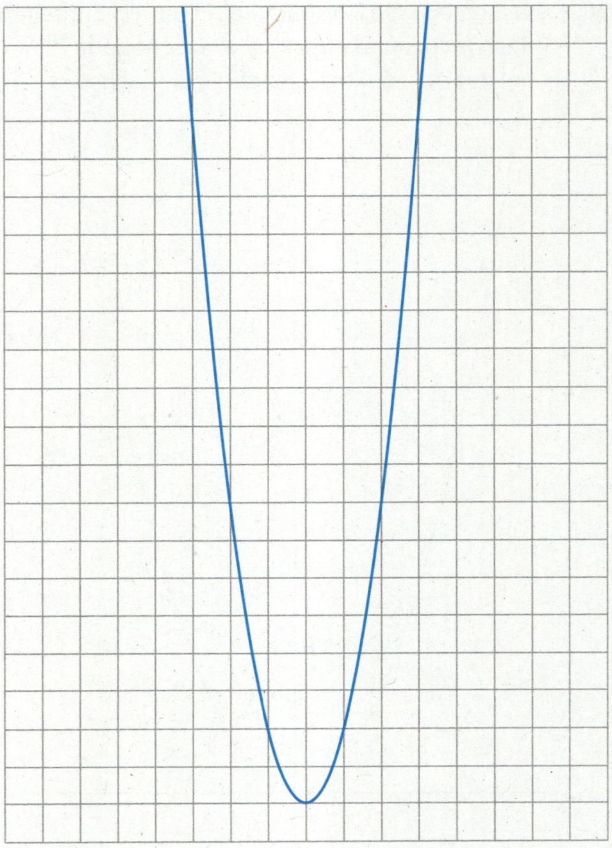

23. Luca hat auf seinem grafikfähigen Taschenrechner Muster erzeugt.
Gib die Gleichungen der Funktionen an und zeichne die Muster mit deinem Rechner.

a)

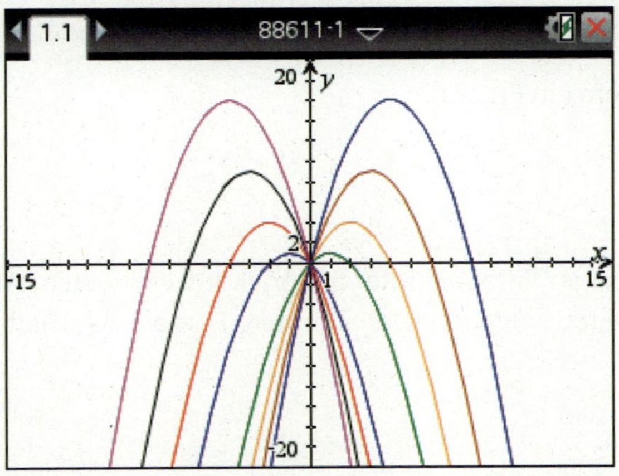

b)

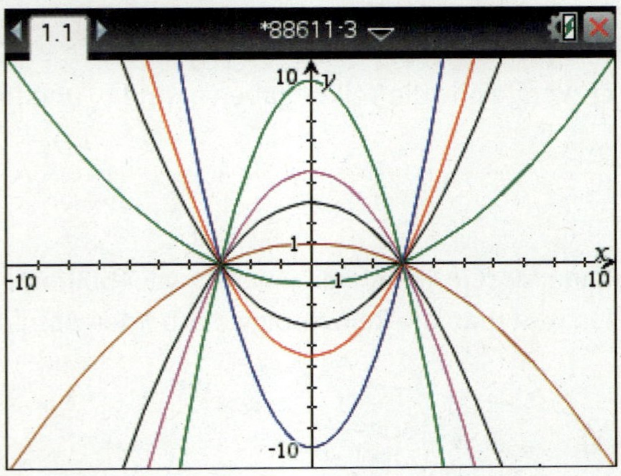

24. Forme den Funktionsterm so um, dass du den Graphen aus der Normalparabel erzeugen kannst. Notiere auch die Eigenschaften.

a) $f(x) = 2x^2 - 4x + 1$

b) $f(x) = -0{,}5x^2 - 2x$

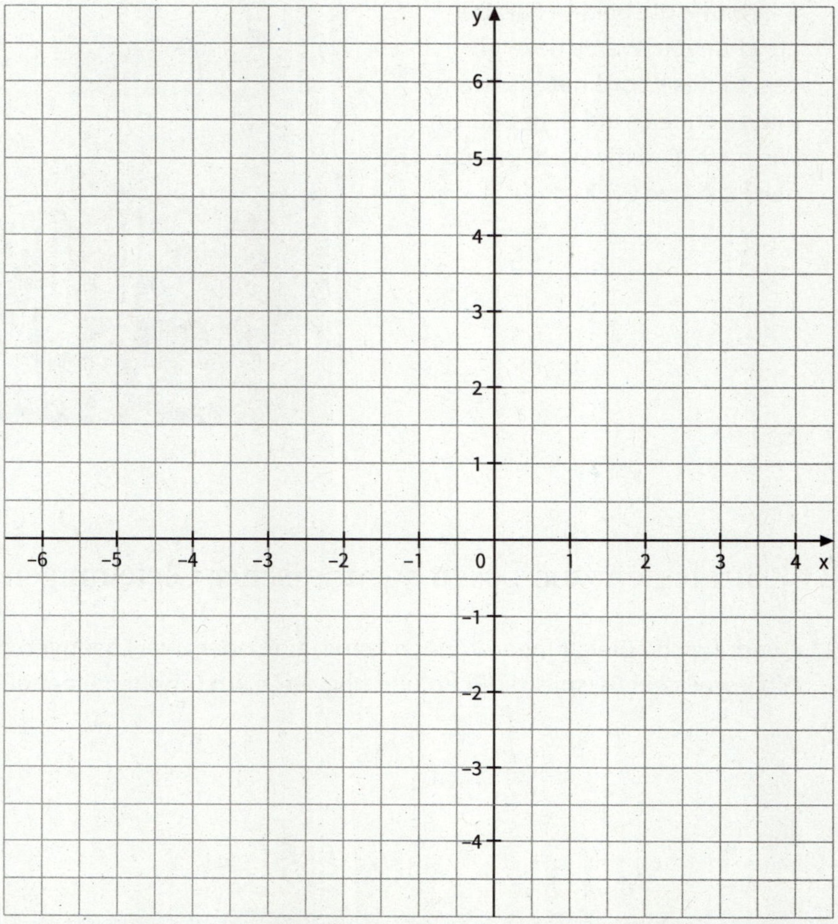

Eigenschaften	$f(x) = 2x^2 - 4x + 1$	$f(x) = -0{,}5x^2 - 2x$
Streckfaktor		
Scheitelpunkt		
Symmetrieachse		
Nullstellen		
steigend/fallend		

25. Löse die quadratische Gleichung.

a) $3x^2 + 12x + 12 = 0$

b) $-2x^2 + 6x - 12 = 0$

26. Die Wasserkanonen eines Feuerwehrfahrzeuges werden überprüft. Bestimme die beiden Parabelgleichungen. Wähle dazu ein geeignetes Koordinatensystem und zeichne es auf dem Bild ein. Wie hoch sind die Wasserfontänen? Schätze Größen.

2.6 Strategien zum Lösen quadratischer Gleichungen

27. Quadratische Gleichungen können keine, eine oder zwei Lösungen haben.
Gib jeweils ein Beispiel dafür an und begründe am Graphen einer quadratischen Funktion.

28. Leo und Lara haben begonnen, eine quadratische Gleichung zu lösen. Vervollständige ihre Lösungswege.
Welchen hältst du für günstiger?

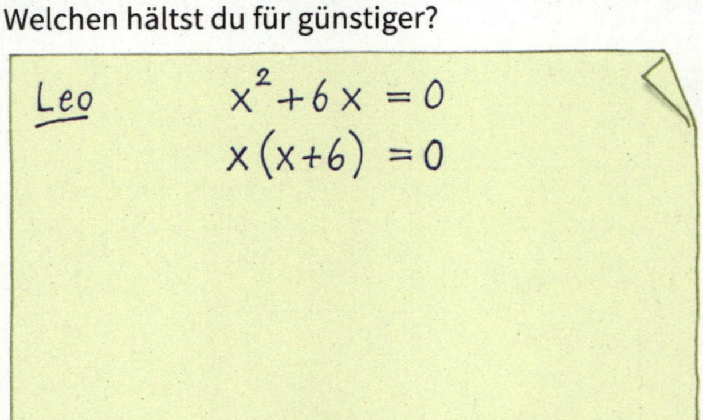

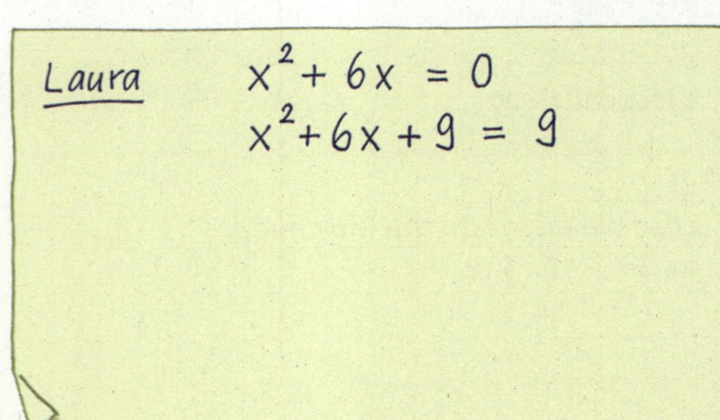

29. Bestimme zu folgenden Gleichungen die Lösungsmenge.

a) $x^2 = 36$

b) $x^2 + 9 = 8$

c) $x^2 + 8x = 0$

d) $x^2 + 12x + 36 = 0$

e) $5x^2 - 32 = 48$

f) $x(x - 6) = x^2 + 9$

g) $(y - 3) \cdot (2y + 5) = 0$

h) $(a + 6)^2 = 9$

i) $3x^2 - 6x = 21$

30. Kontrolliere Sophias Hausaufgaben. Markiere Fehler und gib Sophia einen Tipp.

a)
$3x^2 + x - 3 = x^2 - 3x \quad | -x^2 + 3x$
$2x^2 + 4x - 3 = 0$
$x_{1,2} = -2 \pm \sqrt{2^2 + 3}$
$x_1 = -2 + \sqrt{7};\ x_2 = -2 - \sqrt{7}$
$L = \{-2 + \sqrt{7}; -2 - \sqrt{7}\}$

b)
$x^2 - (x - 6) \cdot 2 = 22 - 4x$
$x^2 - 2x + 12 = 22 - 4x \quad | -22 + 4x$
$x^2 + 2x - 10 = 0$
$x_{1,2} = -1 \pm \sqrt{-1^2 + 10}$
$x_1 = -1 + \sqrt{9};\ x_2 = -1 - \sqrt{9}$
$L = \{2; -4\}$

c)
$x \cdot (x + 2) + 6x = 4 \cdot (2x - 2)$
$x^2 + 2x + 6x = 8x - 8 \quad | -8x + 8$
$x^2 + 8 = 0$
$x_{1,2} = -4 \pm \sqrt{4^2 - 0}$
$x_1 = -4 + 4;\ x_2 = -4 - 4$
$L = \{0; -8\}$

31. Pascal behauptet:

„Manchmal kann man einer quadratischen Gleichung sofort ansehen, wie viele Lösungen sie hat. Zum Beispiel hat jede Gleichung der Form $ax^2 + bx = 0$ mit $a \neq 0$ und $b \neq 0$ zwei Lösungen."

Untersuche, ob Pascal Recht hat.

2.7 Schnittpunkte von Parabeln und Geraden

32. Das Bild zeigt die grafische Veranschaulichung einer quadratischen Gleichung. Gib diese an; löse sie rechnerisch und kontrolliere am Graphen.

a) **b)** **c)**

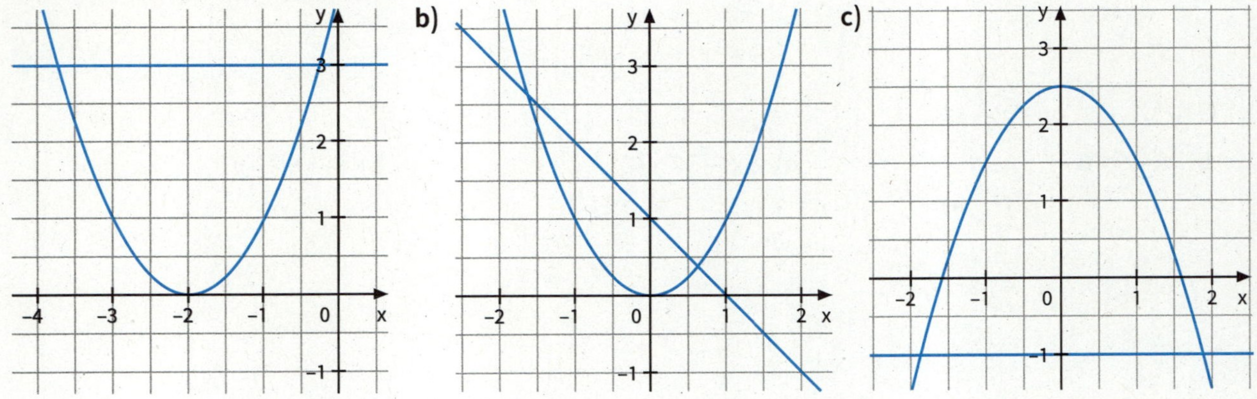

33. Zeichne den Graphen der Funktion f mit $f(x) = -(x+2)^2 + 3$.
Gib die Gleichung einer linearen Funktion an, sodass beide Graphen

(1) keinen Punkt ……………………

(2) genau einen Punkt ……………………

(3) genau zwei Punkte ……………………

gemeinsam haben.

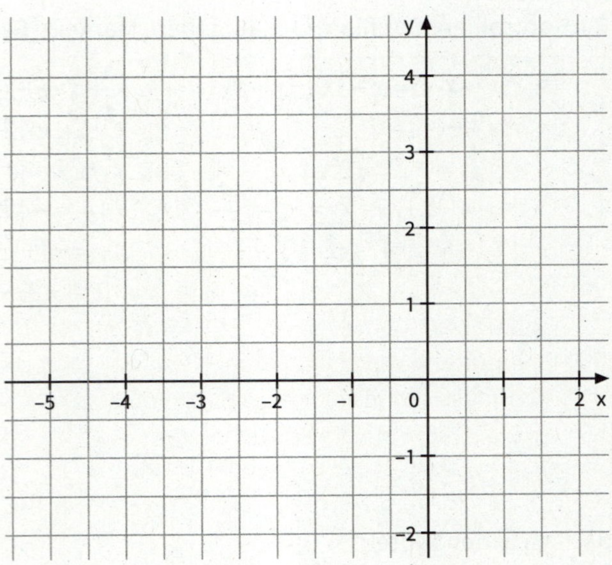

34. a) Bestimme die Schnittpunkte der Parabeln zeichnerisch:

(1) $y = -\frac{1}{2}(x-2)^2 + 4$ (2) $y = x^2 + 2x - 1$

……………………

b) Berechne die Koordinaten der Schnittpunkte.

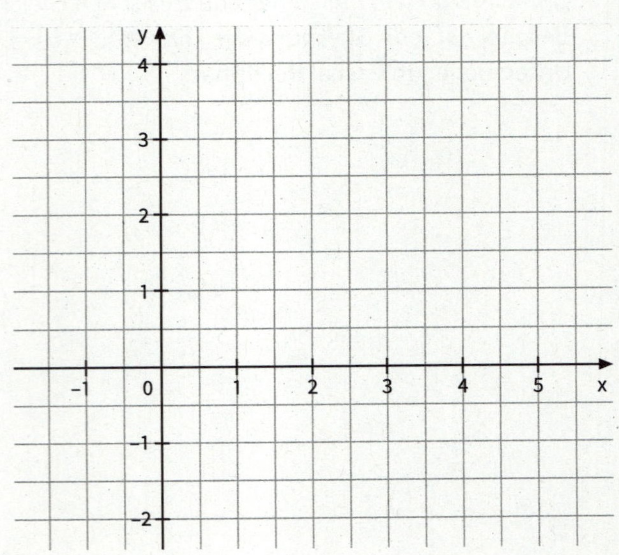

2.8 Modellieren – Anwenden von quadratischen Gleichungen

35. Das quadratische Grundstück von Familie Karahan liegt an einer geradlinigen Dorfstraße. Die Straße soll mit einem Fuß- und einem Radweg versehen werden, für den 2 m an einer Seite des Grundstücks gebraucht werden. Als Ausgleich dafür wird ein 2,50 m breiter Streifen von der benachbarten Wiese angeboten.
Herr Karahan meint: *„Das Grundstück wird dann rechteckig sein, aber 5 m² größer als jetzt."*
Fertige eine beschriftete Skizze an und bestimme die Maße des Grundstücks.

36. Das Logo rechts ist ein Quadrat der Seitenlänge 4 cm. Der obere Eckpunkt des Dreiecks ist von der oberen Quadratseite genau so weit entfernt wie die unteren Eckpunkte von der linken und rechten Quadratseite. Die blaue Fläche soll dreimal so groß sein wie die gelbe. Bestimme die Entfernungen der Eckpunkte des Dreiecks von den Quadratseiten.

2.9 Optimierungsprobleme mit quadratischen Funktionen – Lösungsstrategien

37. Eine Schülerzeitung verkauft bei einem Preis von 1,00 € pro Stück durchschnittlich 250 Exemplare. In einer Umfrage wurde ermittelt, dass je 50 Exemplare mehr pro Preissenkung um 0,10 € verkauft werden könnten. Ermittle, bei welchem Verkaufspreis sich die größtmögliche Einnahme ergibt.

a) Notiere dazu Beispiele in der Tabelle und zeichne den Graphen der Funktion *Preissenkung (in €) → Einnahme (in €)*. Zeichne auch den Graphen dieser Funktion.

Preissenkung (in €)	Verkaufspreis (in €)	Anzahl verkaufter Exemplare	Einnahme (in €)
0	1,00	250	250,00

b) Erstelle für die Funktion *Preissenkung (in €) → Einnahme (in €)* einen Funktionsterm. Ermittle damit den optimalen Verkaufspreis für die Schülerzeitung.

c) Nimm an, dass zu Beginn bei einem Verkaufspreis von 1,00 € insgesamt 600 Exemplare verkauft worden wären und die Umfrage dasselbe Ergebnis ergeben hätte, dass je 50 Exemplare pro Preissenkung um 0,10 € verkauft werden könnten. Ermittle unter dieser Voraussetzung den optimalen Verkaufspreis für die Schülerzeitung. Was stellst du fest?

Bist du kompetent im Umgang mit Funktionen / Parabeln ?

38. Hier sind 3 Parabeln gezeichnet und beschrieben. Allerdings fehlen Teile und die Reihenfolge ist durcheinandergeraten.
Zeichne die Graphen fertig, ordne sie mit gleichen Farben den zugehörigen Gleichungen und Beschreibungen zu und ergänze die Lücken.

- $y = (x+3)^2 - 4$
- Symmetrieachse: $x = -3$
- S (3 | ___)
- gestreckt auf das ___-fache
- auf die Hälfte gestaucht
- $y = x^2 +$ ______
- $y = -$ ___ $(x -$ ___ $)^2$
- keine Nullstellen
- steigt, wenn $x < 2$
- um 2 nach rechts verschoben
- $y = \frac{1}{2}(x -$ ___ $)^2 + 1$
- $y =$ ___ $- 3x + 5{,}5$
- um 4 nach unten verschoben
- S (___ | −4)
- A (___ | −6), B (___ | −6)
- nur eine Nullstelle bei $x_1 =$ ___
- Nullstellen bei $x_1 = -1$ und $x_2 =$ ___
- $y = -1{,}5x^2 + 6x - 6$

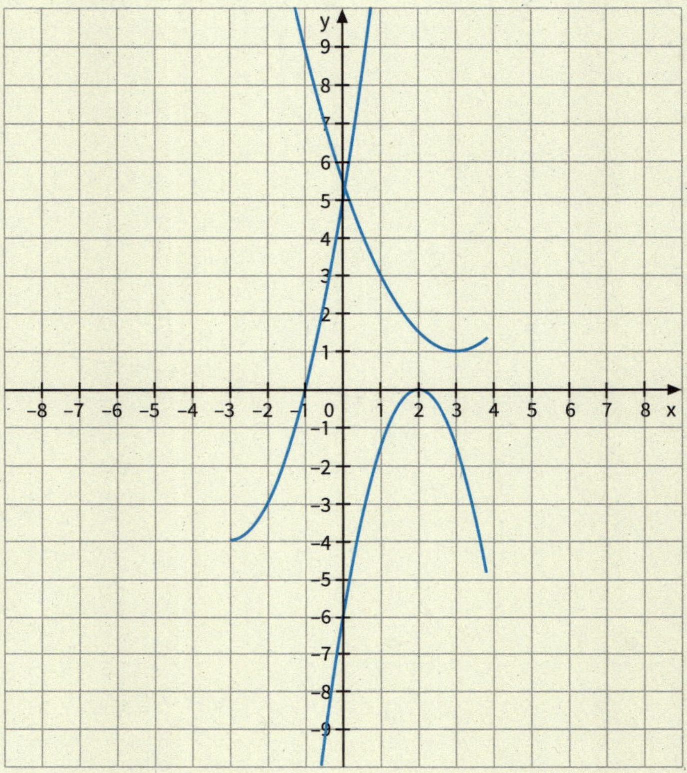

39. Für einen Autofahrer und sein Fahrzeug gilt bei einem bestimmten Straßenbelag die Gleichung $s_A = 0{,}005\,v^2 + 0{,}3\,v$ für den Anhalteweg s_A (in m) in Abhängigkeit von der Geschwindigkeit v $\left(\text{in } \frac{\text{km}}{\text{h}}\right)$.

a) Bestimme den Anhalteweg aus der Geschwindigkeit $140\,\frac{\text{km}}{\text{h}}$.

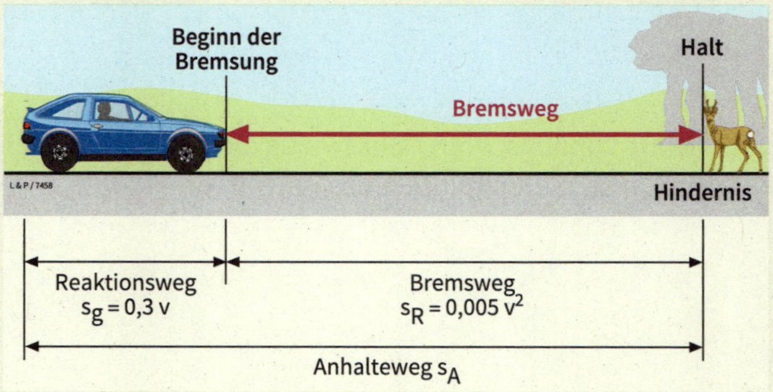

b) Der Anhalteweg ist 100 m. Aus welcher Geschwindigkeit?

c) Nachdem der Fahrer ein Hindernis entdeckt hat, kommt er aus $40\,\frac{\text{km}}{\text{h}}$ noch 1 m vor ihm zum Stehen.

(1) Wie weit war er von dem Hindernis entfernt?

(2) Mit welcher Geschwindigkeit wäre er aufgeprallt, wenn er $50\,\frac{\text{km}}{\text{h}}$ schnell gewesen wäre?

3.1 Satz des Thales

1. Welche der Punkte kannst du mit der Strecke $\overline{AB}$ zu rechtwinkligen Dreiecken verbinden? Zeichne diese Dreiecke ein. Was fällt auf?

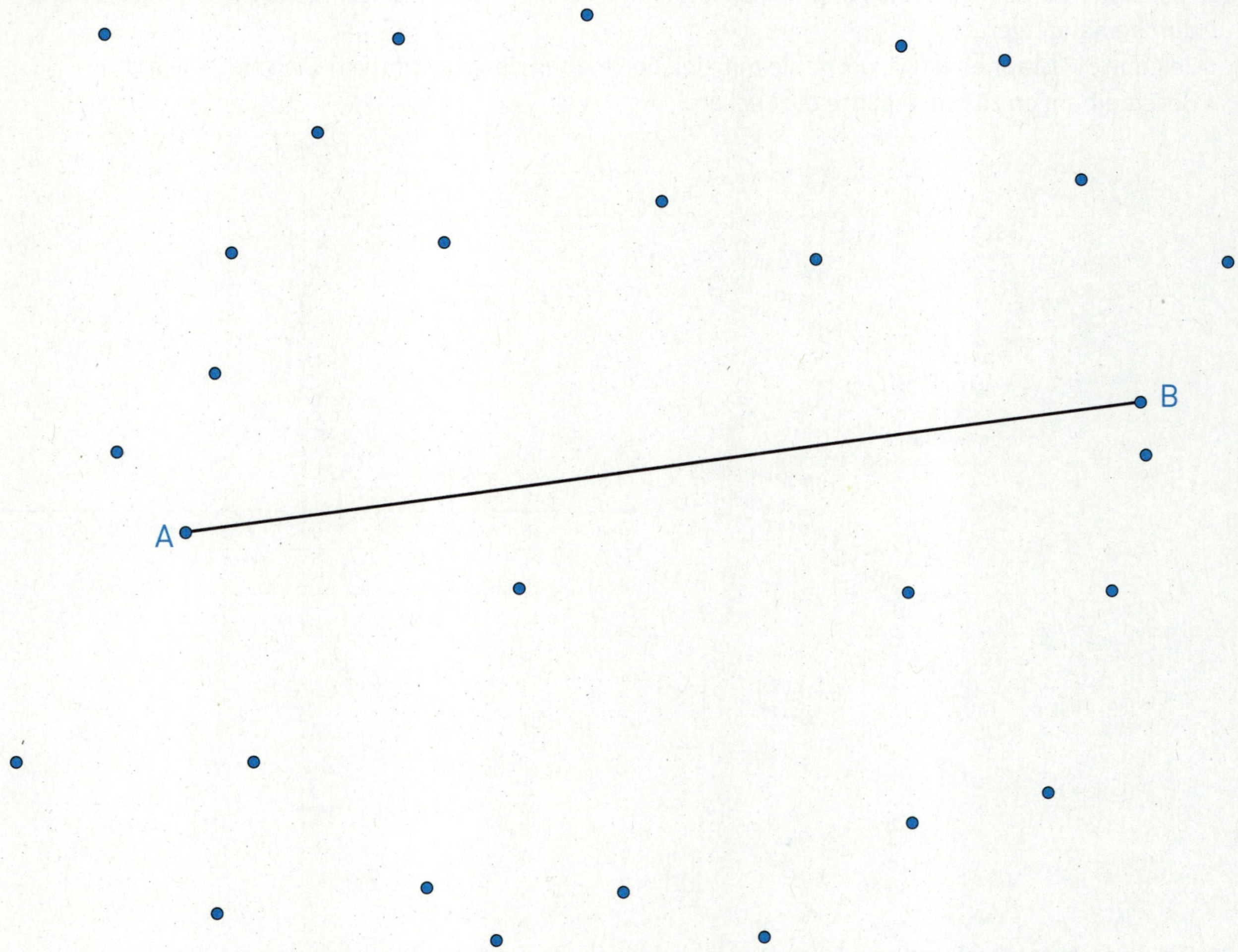

2. Zeichne zunächst vom Punkt P aus die Tangenten nach Augenmaß an den Kreis. Kontrolliere dann durch eine Konstruktion mithilfe des Satzes von Thales.

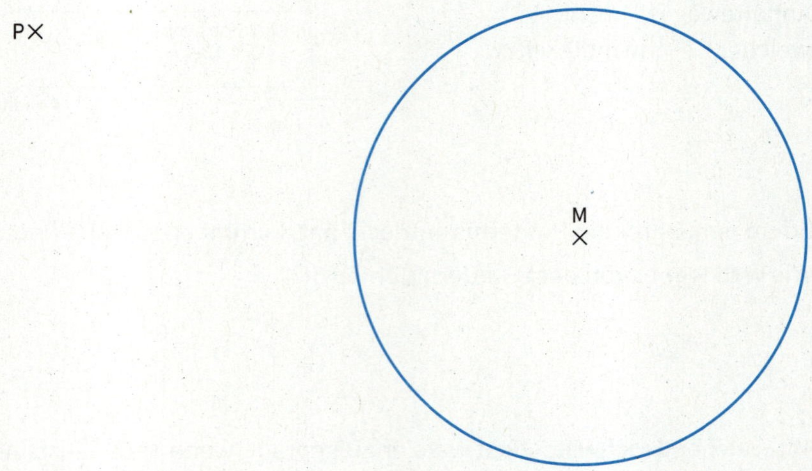

3.2 Satz des Pythagoras

3. Kennzeichne die Hypotenuse rot, die Katheten mit einer anderen Farbe.

a)

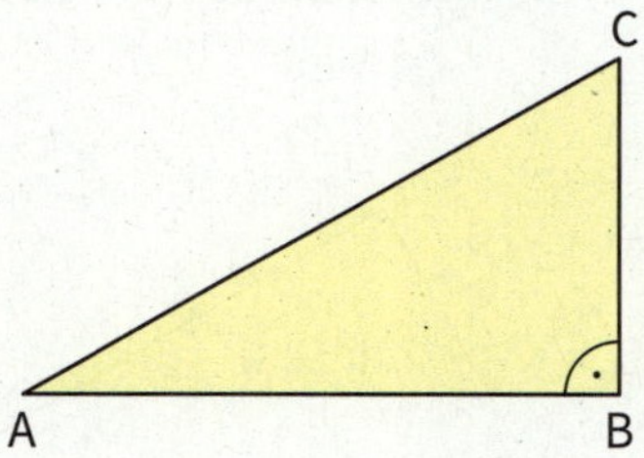

b)

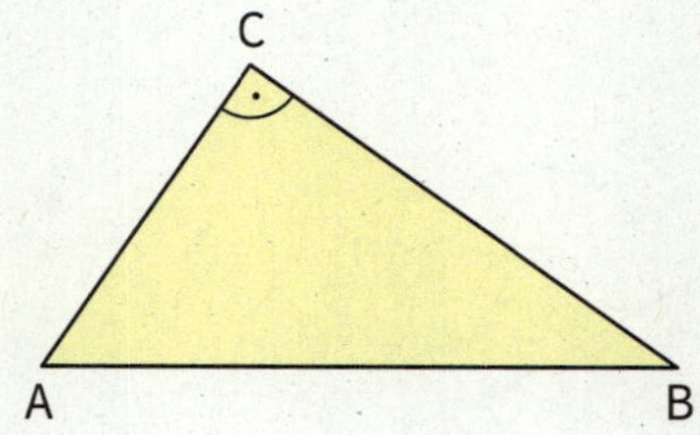

c)

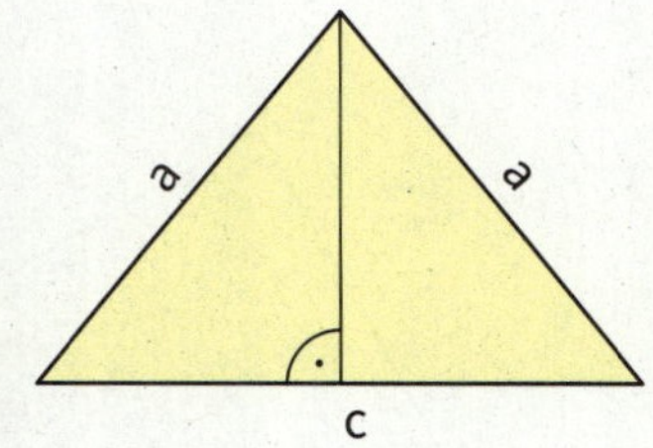

4. Vervollständige die Tabelle.

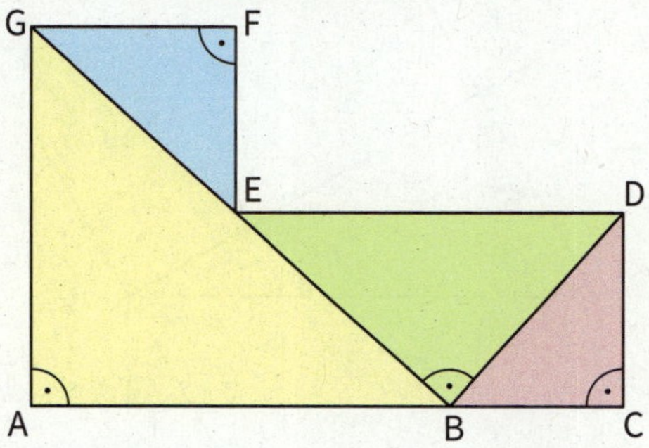

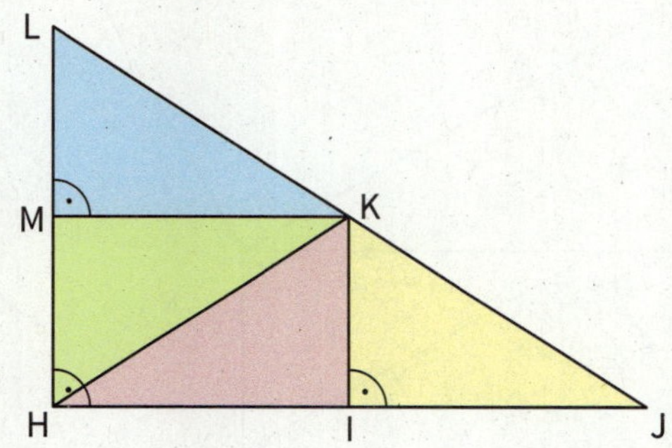

Dreieck	ABG	EFG			HJL			
Hypotenuse			$\overline{ED}$					$\overline{HK}$
Kathete				$\overline{BC}$		$\overline{KM}$		
Kathete						$\overline{MH}$	$\overline{IK}$	

5. Beschrifte so, dass die angegebene Gleichung gilt.

a) $|RT|^2 + |RS|^2 = |ST|^2$

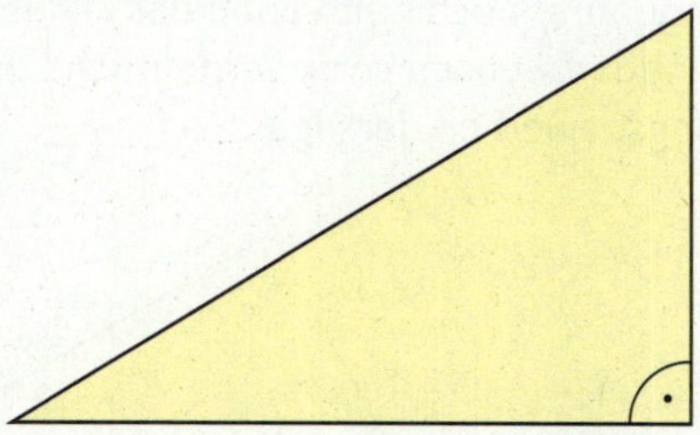

b) $a = \sqrt{(p+q)^2 - b^2}$

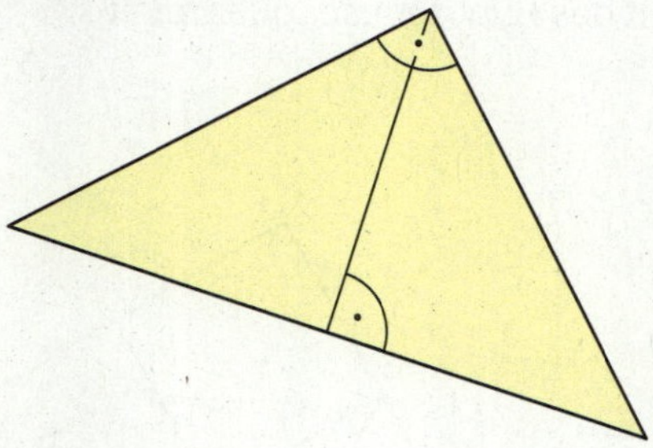

6. Berechne die Länge der blau eingezeichneten Strecke.

a)

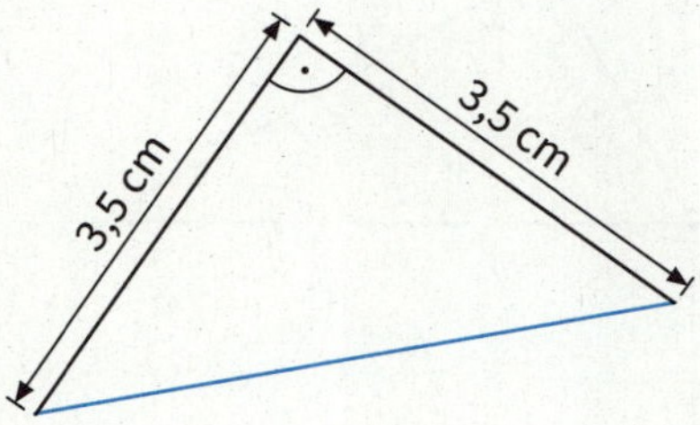

b)

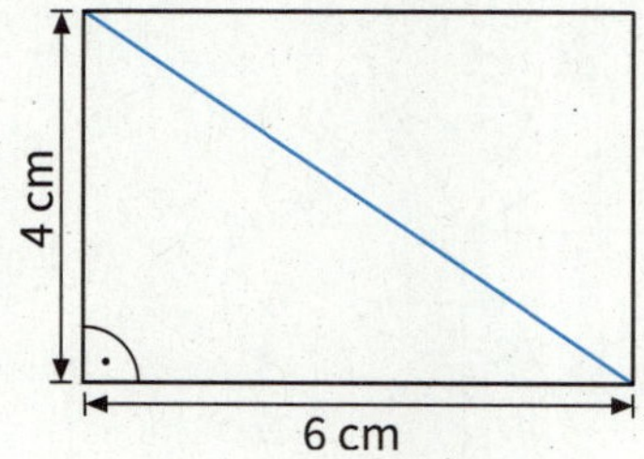

c)

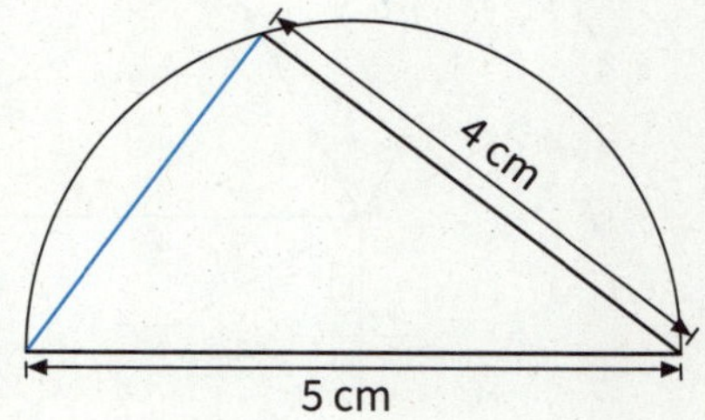

7. Auf dem Bastelbogen in der Heftmitte findest du vier Figuren zum Satz des Pythagoras. Führe mithilfe dieser Figuren selbst Zerlegungsbeweise für den Satz des Pythagoras durch.

a) In der Figur 1 wird das Hypotenusenquadrat in 5 Teile zerlegt. Schneide die Teile 1 bis 5 aus und lege damit die Kathetenquadrate aus.

b) In der Figur 2 wird das Hypotenusenquadrat auch in 5 Teile zerlegt. Schneide die Teile aus und lege wie in Teilaufgabe a) die Kathetenquadrate aus.

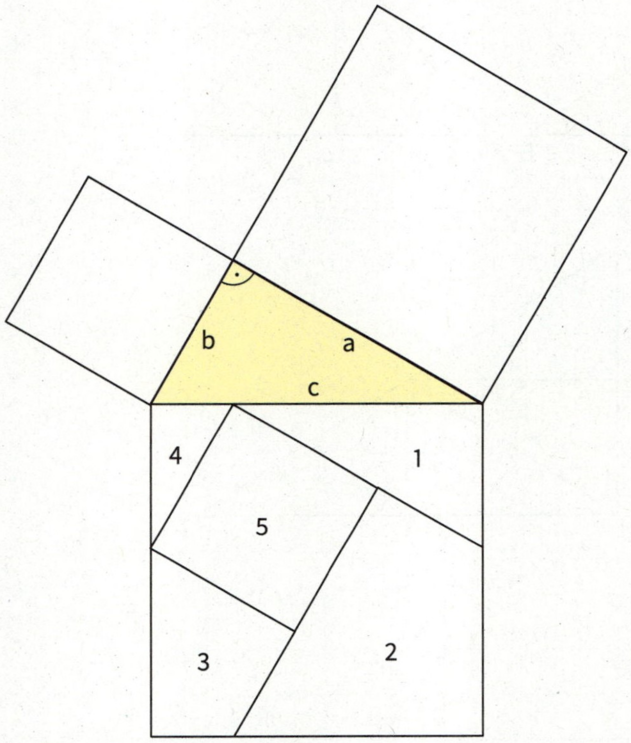

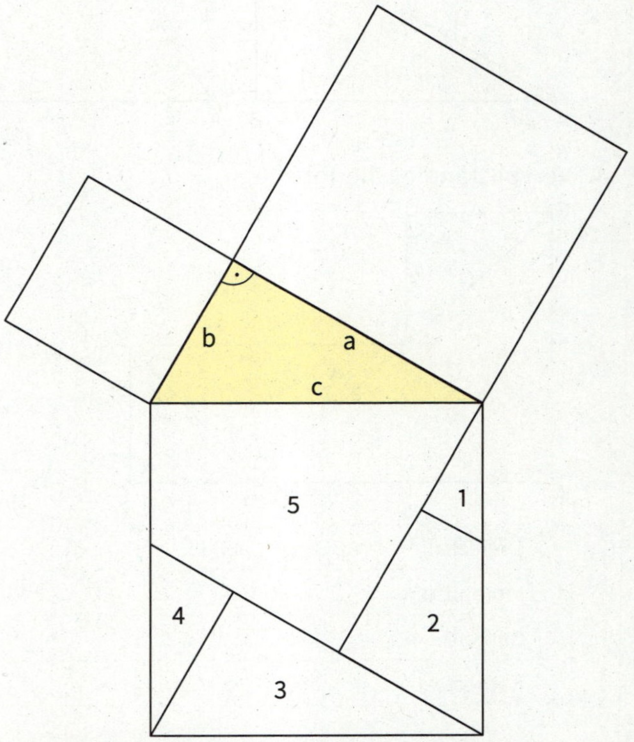

c) Zerschneide in der Figur 3 die Kathetenquadrate in die eingezeichneten Teile. Lege damit das Hypotenusenquadrat aus.

d) Schneide die Figur 4 aus und färbe die Kathetenquadrate von beiden Seiten. Klappe das Hypotenusenquadrat nach hinten und das kleinere Kathetenquadrat nach vorn. Verdeutliche diesen Zerlegungsbeweis an der Figur.

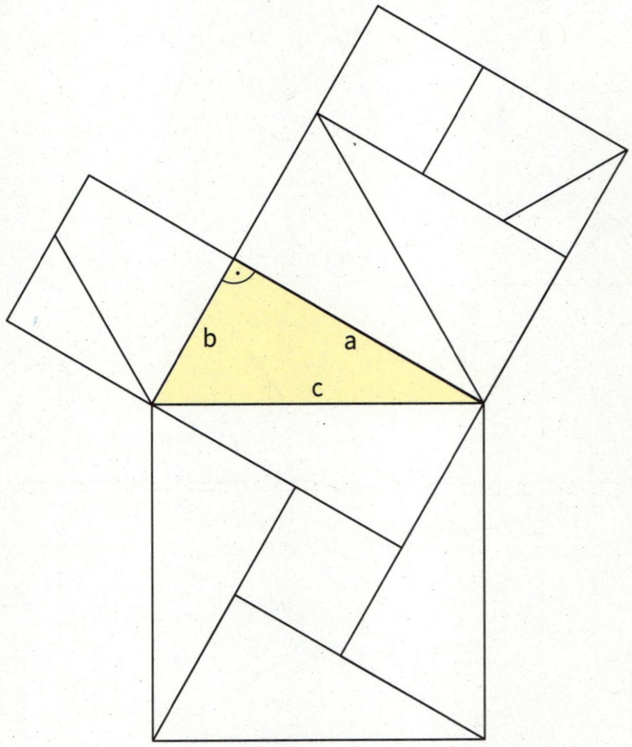

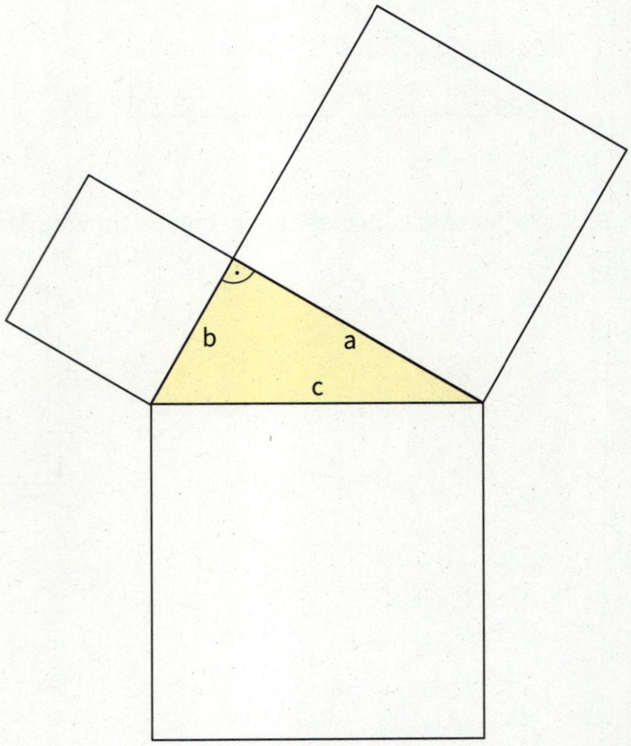

3.3 Berechnen von Streckenlängen

8. Berechne die fehlenden Längen (Maße in cm).

a)

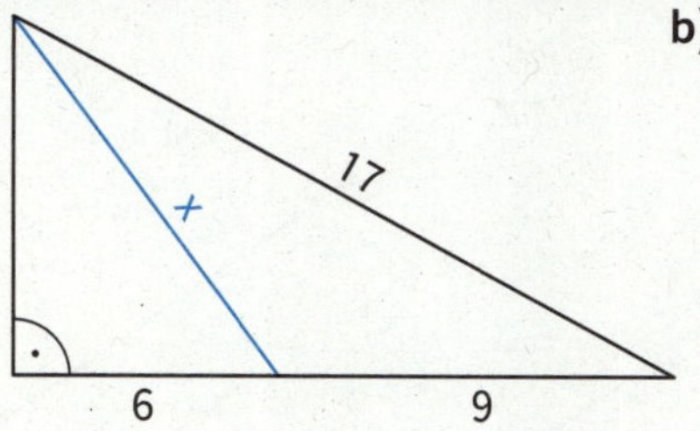

b)

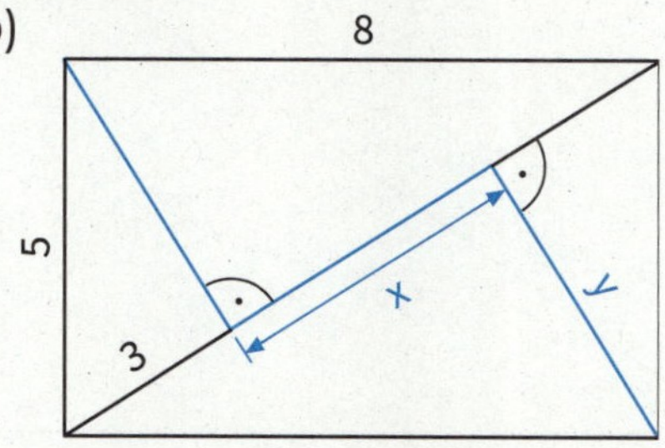

c)

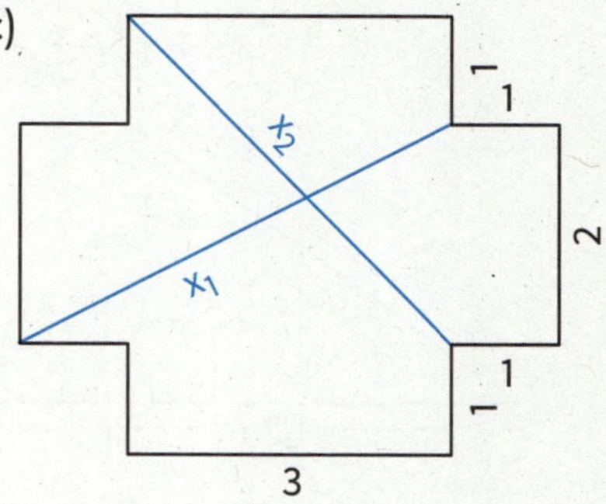

9. Berechne jeweils die gesuchte Streckenlänge x.

a)

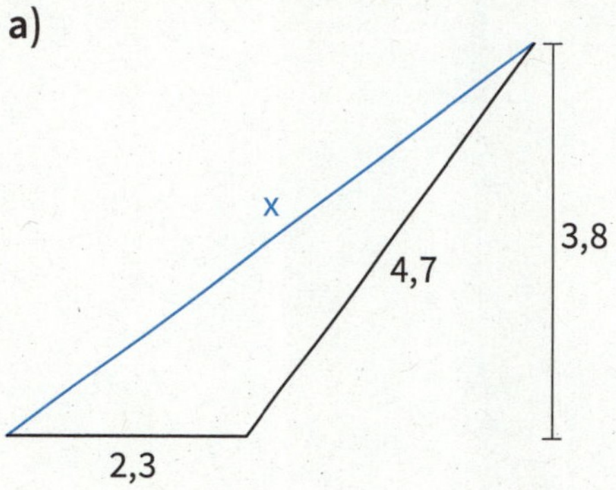

b)

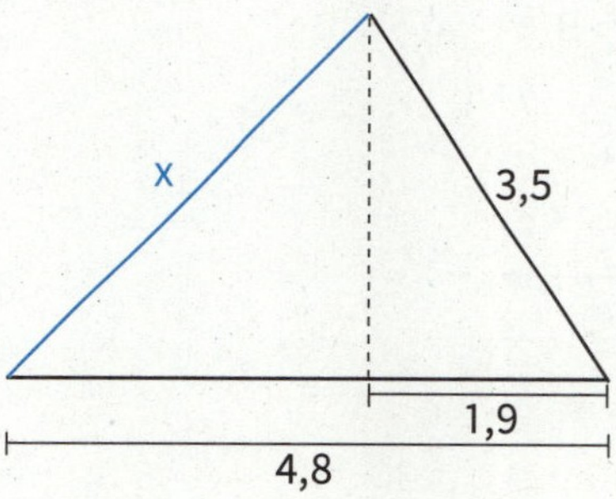

c)

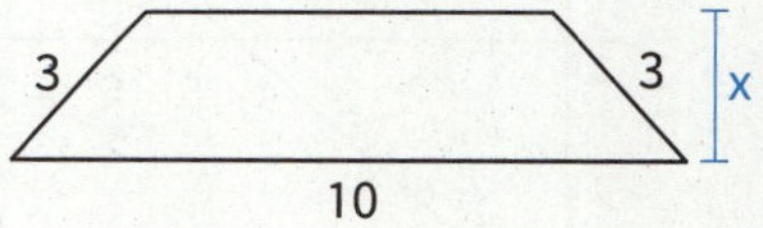

10. Berechne die Fläche des Sonnensegels.

11. Berechne die Größe des blauen Logos.

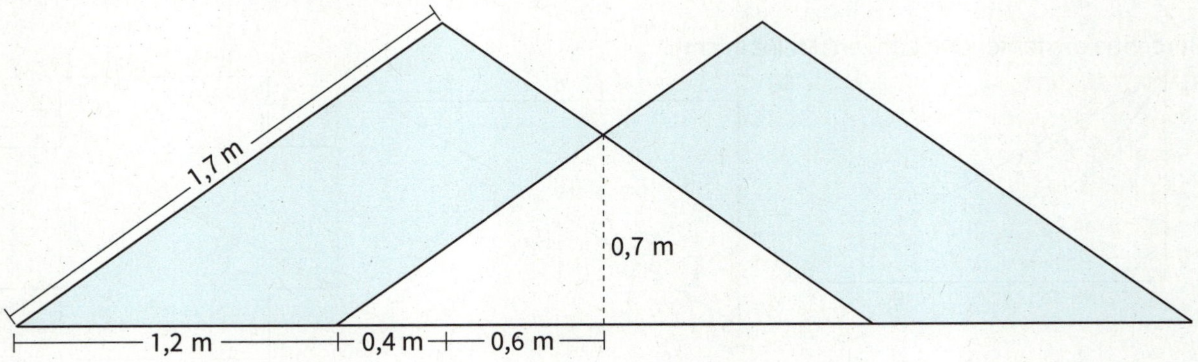

12. Berechne den Umfang des Dreiecks ABC.

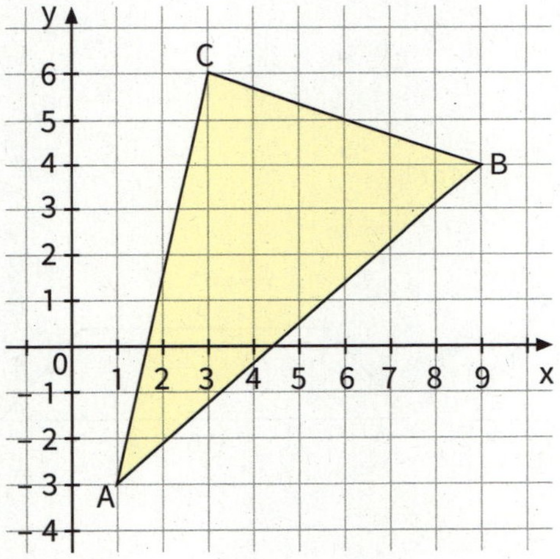

13. Auf der Welt gibt es verschiedene Konstruktionsweisen für Straßenbrücken. Die abgebildete Form heißt Schrägseilbrücke. Die Abspannseile sind alle an einem senkrecht zur Fahrbahn stehenden Pfeiler befestigt. Das erste Abspannseil ist zehn Meter rechts vom Pfeiler mit der Fahrbahn verbunden. Alle 5 m folgen noch sechs weitere Befestigungspunkte an der Fahrbahn. Das erste Seil ist 15 m oberhalb der Fahrbahn mit dem Pfeiler verbunden, die weiteren Abspannseile folgen mit jeweils 1,5 m Abstand.
Berechne, wie viel Spannseil für die abgebildete Brückenkonstruktion mindestens benötigt wird.

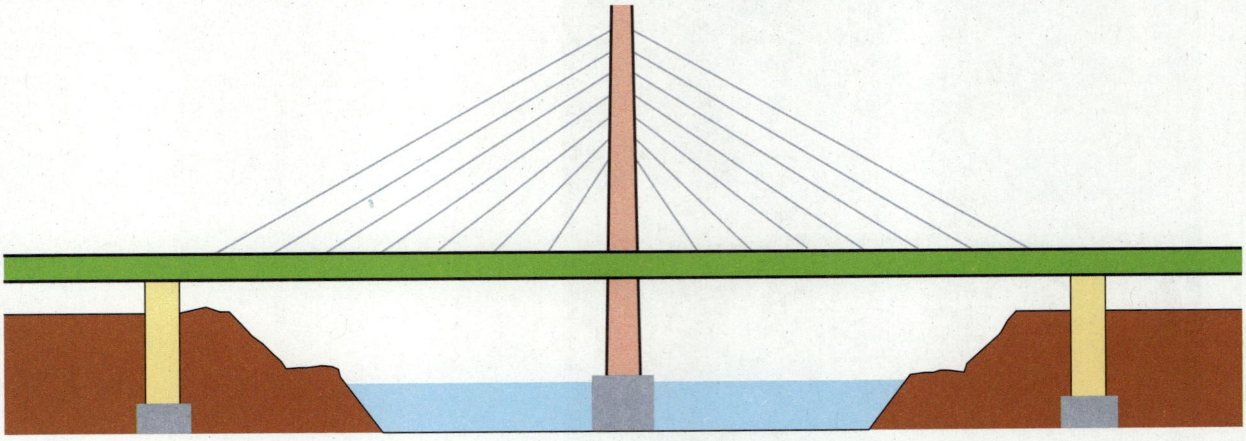

3.4 Umkehrung des Satzes des Pythagoras

14. Für ein Public Viewing des Finales eine Weltmeisterschaft spannt das Gymnasium an der Willmsstraße eine große weiße Plane auf, die als Projektionsfläche für einen Beamer dienen soll. Die Schüler sind unsicher, ob mit der abgebildeten Holzkonstruktion eine rechtwinklige Fläche aufzuspannen ist.
Prüfe dieses nach und unterbreite den Schülern gegebenenfalls einen Vorschlag, welche Holzlatte um wie viele Zentimeter gekürzt werden muss.

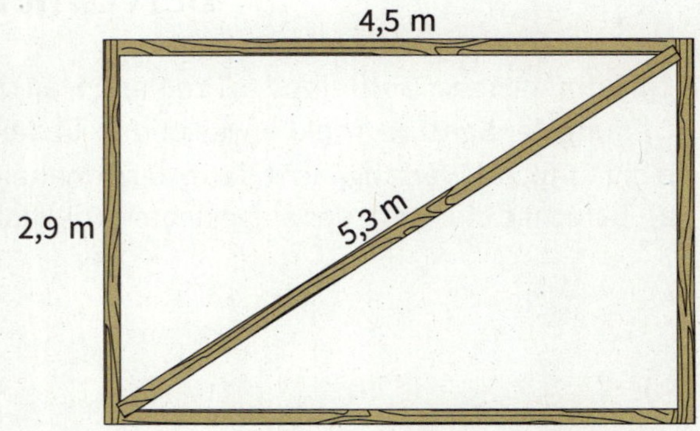

15. Nach Augenmaß kann man nicht entscheiden, ob das Dreieck rechtwinklig ist.
Entscheide rechnerisch. Färbe diejenigen Dreiecke rot ein, die rechtwinklig sind.

a)

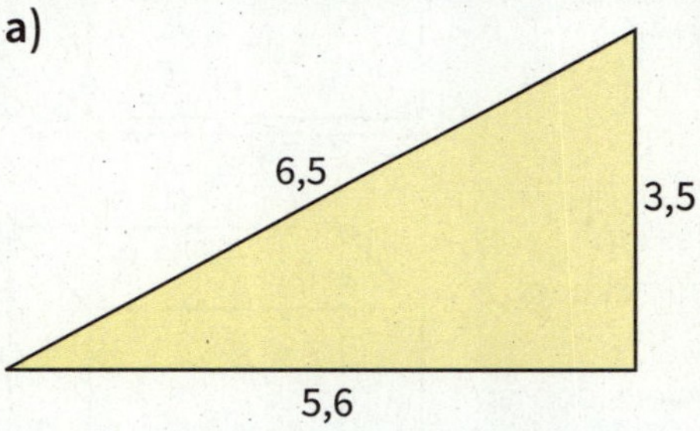

b)

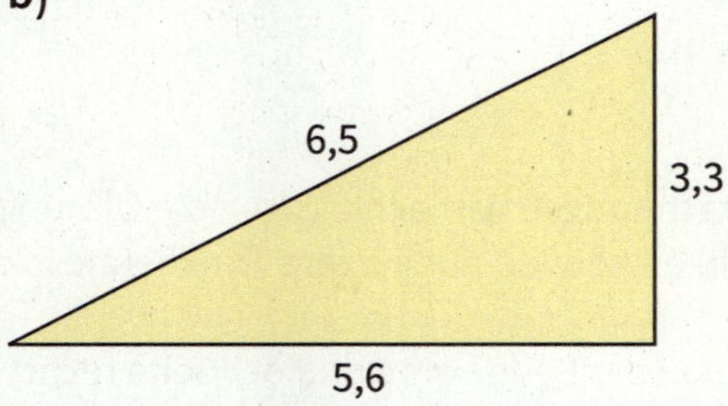

c)

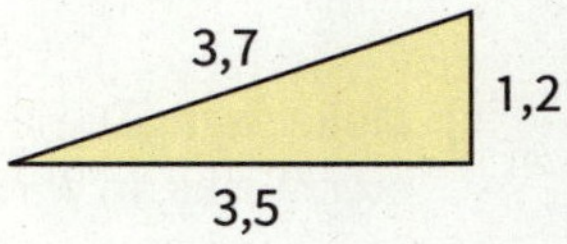

		Seitenlänge a^2	Seitenlänge b^2	Seitenlänge c^2	rechtwinkliges Dreieck?
a)					
b)					
c)					

16. Entscheide, ob das jeweilige Dreieck rechtwinklig, spitzwinklig oder stumpfwinklig ist.

	a)	b)	c)
a (in cm)	6,3	5,6	240
b (in cm)	1,6	7,3	60
c (in cm)	6,5	4,8	250
$\square^2 + \square^2$			
$\square^2$			
Typ			

Bist du kompetent im Modellieren Berechnen von Körpern?

17. Ein immer wieder auftretendes Problem: Man steckt einen Trinkhalm in die Öffnung der Safttüte, trinkt etwas und stellt die Packung ab. Wenn man nicht aufpasst, verschwindet dann der Trinkhalm im Inneren der Packung.

a) Berechne die Länge des aufgeklebten Trinkhalms.

b) Berechne die Länge der längsten Strecke, die in die Safttüte passt. Verdeutliche im Schrägbild rechts dein Vorgehen. Vergleiche dann mit der Länge des aufgeklebten Trinkhalms.

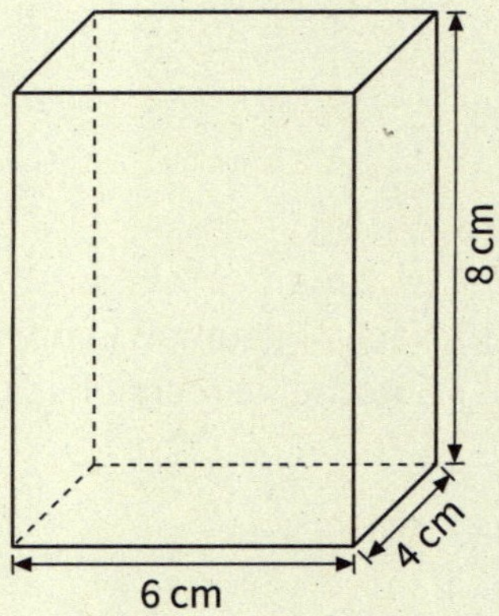

c) Melle sagt: „Diese Berechnungen vernachlässigen die Öffnung des Einstechlochs. In Wirklichkeit können nur kürzere Trinkhalme in der Packung versinken."
Das Einstechloch hat von der Seite vorne und der Seite rechts jeweils den Abstand 1 cm. Berechne, ob der Trinkhalm in der Safttüte versinken kann, wenn man ihn nicht durchbiegt.
Verdeutliche auch hier dein Vorgehen an dem Schrägbild rechts.

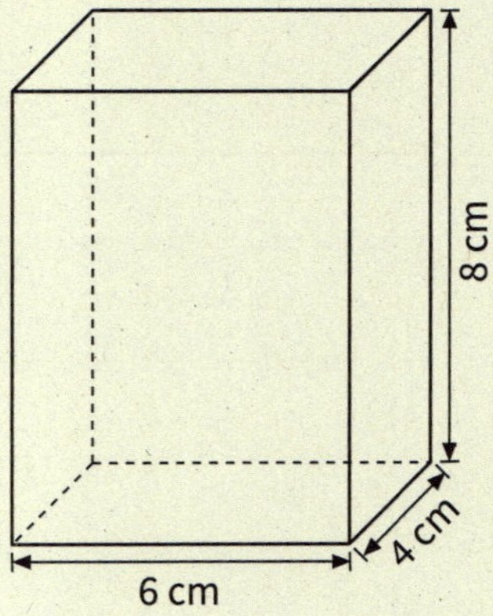

d) In den Teilaufgaben 1b) und c) wurden die Längen von Raumdiagonalen berechnet. Erstelle eine Formel für einen Quader mit den Seitenlängen a, b und c.

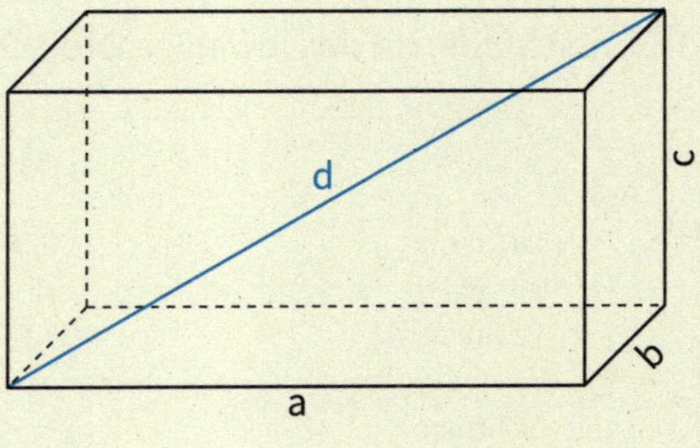

e) Prüfe nun, ob man das Problem des in der Safttüte versinkenden Trinkhalms lösen kann, indem man die Position der Einstechöffnung verändert.

Vergrößern und Verkleinern mit dem Pantographen (zu Seite 7)

Materialien:

- drei Musterbeutelklammern als Gelenk
- fester Karton zum Aufkleben der Teile 1 bis 4 und zur Herstellung der Unterlegklötzchen
- Kleber
- ein dünner spitzer Bleistift oder Fineliner als Zeichenstift
- eine etwa 2 cm lange Holzschraube als Abtaststift
- ein Nagel, etwas länger als die Schraube, als Befestigungsstift
- eine Pinwand (oder ein Zeichenbrett) zum Befestigen des Pantographen und als Zeichenunterlage

Aufbau:

- Die Teile 1 bis 4 sorgfältig ausschneiden, auf festen Karton kleben und nochmals ausschneiden.
- Löcher vorstechen und die Teile nach Anleitung mit den Klammern verbinden.
- Die Holzschraube (Abtaststift) an der Verbindung von Teil 3 und Teil 4 fest durchdrehen.
- Damit der Pantograph gut über das Papier gleitet, benötigt man drei gleich große Unterlegklötzchen aus zusammengeklebter Pappe (oder Holz), etwa so hoch wie die Schraube.
- Ein Klötzchen unter die obere Hälfte von Teil 1 und eines unter die untere Hälfte von Teil 2 kleben. Das dritte Klötzchen unter den schwarzen Kreis von Teil 1 kleben. Dann den Nagel (Befestigungsstift) durch den Kreis und das Klötzchen stecken und in der Unterlage befestigen.
- Den Bleistift (Zeichenstift) durch den schwarzen Kreis von Teil 2 stecken, dass er so weit herausragt wie die Schraube.

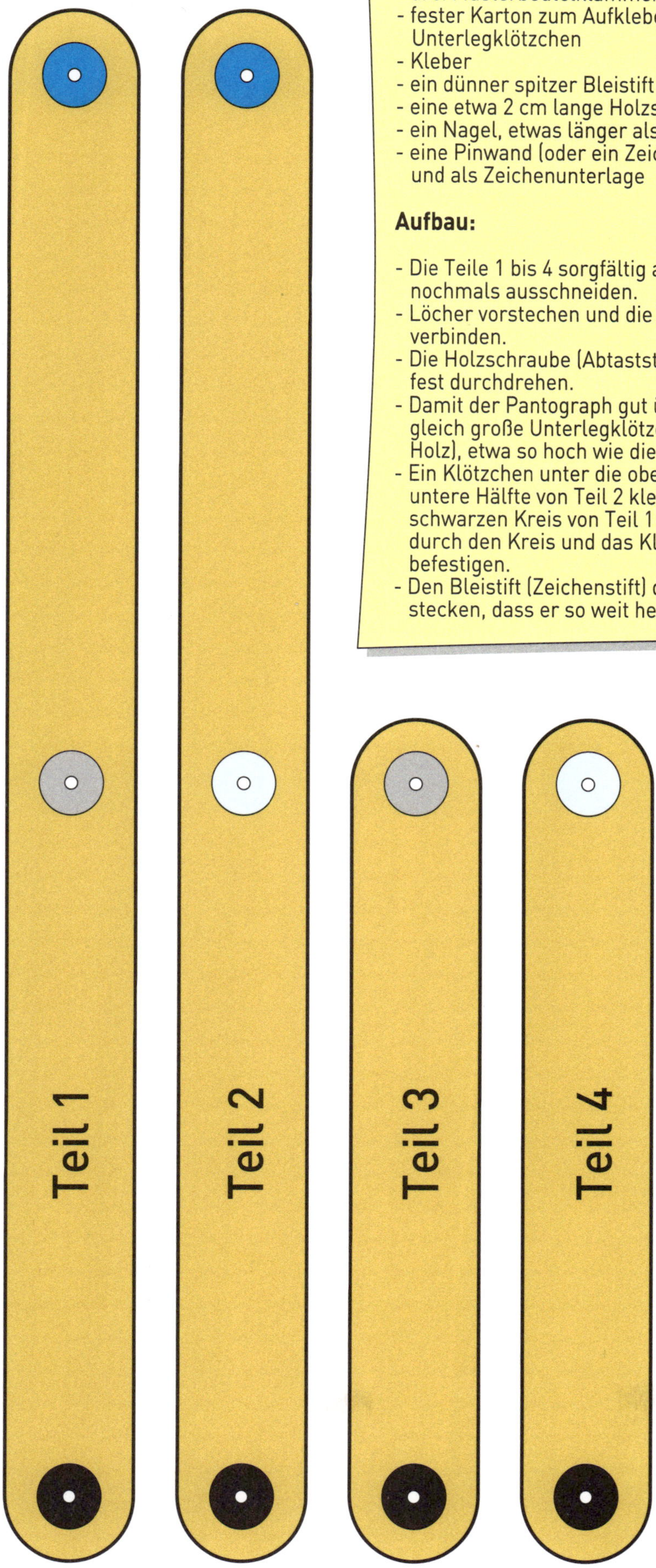

Information

Der nach dieser Anleitung zusammengebaute Pantograph vergrößert die Vorlage auf das Doppelte. Wenn man die Position von Abtast- und Zeichenstift vertauscht, so wird vom Vergrößern zum Verkleinern gewechselt.
Mit welchen Einstellungen am Pantographen kann man eine gleich große Kopie erzeugen?

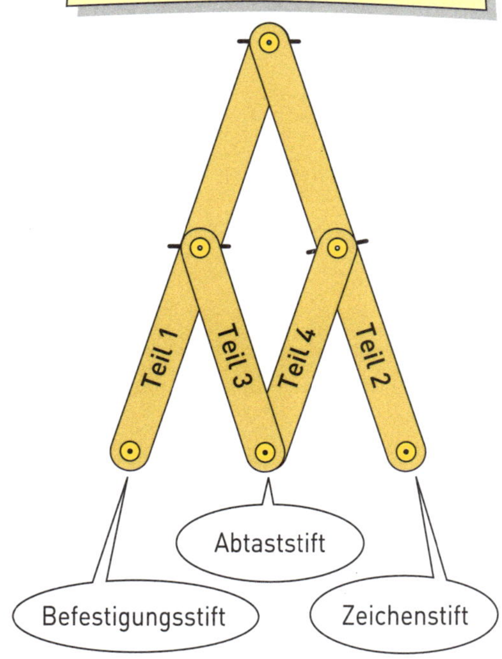

Schablone für die Quadratfunktion (ab Seite 11)

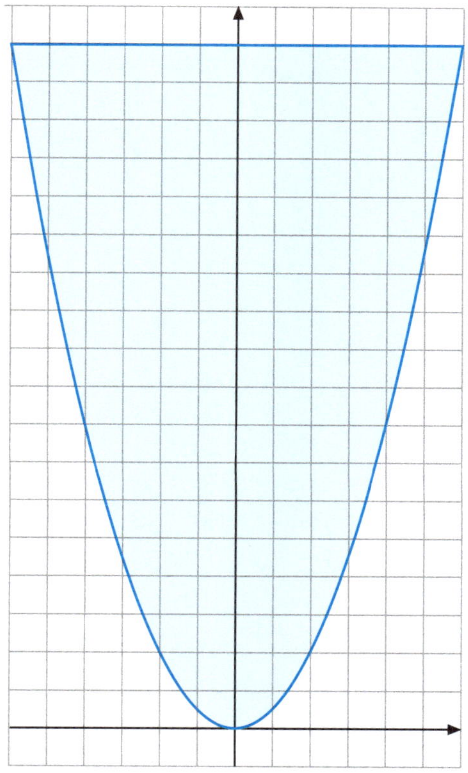

Satzteile - Puzzle (zu Seite 63)

... dann vervierfacht sich das Volumen der Pyramide.

... dann verdoppelt sich das Volumen der Pyramide.

Wenn sich die Höhe der Pyramide verdoppelt ...

Wenn sich die Länge der Grundkante der Pyramide halbiert ...

Wenn sich die Höhe der Pyramide halbiert ...

Wenn sich die Länge der Grundkante der Pyramide verdoppelt ...

... dann viertelt sich das Volumen der Pyramide.

... dann halbiert sich das Volumen der Pyramide.

Wenn sich die Länge der Grundkante der Pyramide verdoppelt und ihre Höhe halbiert ...

Wenn sich die Länge der Grundkante der Pyramide verdoppelt und ihre Höhe ebenfalls verdoppelt ...

... dann verachtfach sich das Volumen der Pyramide.

... dann verdoppelt sich das Volumen der Pyramide.

Satz des Pythagoras (zu Seite 30)

Figur 1

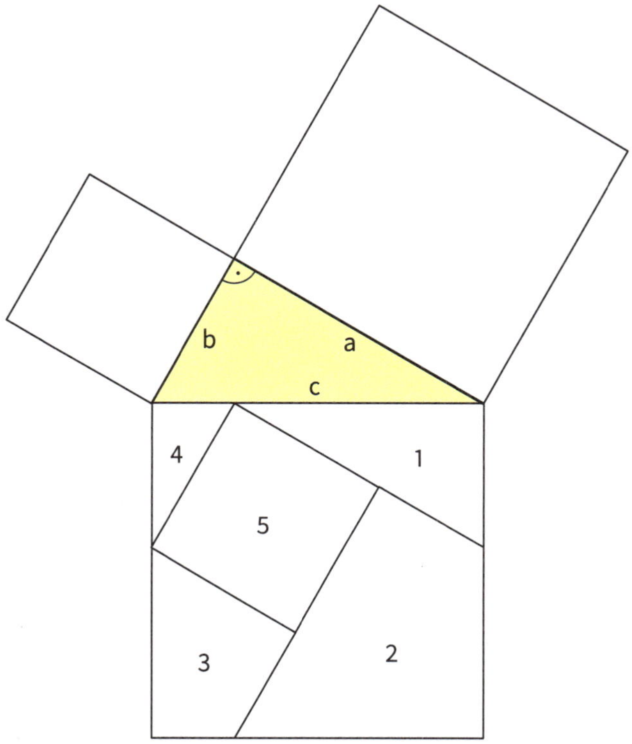

Figur 2

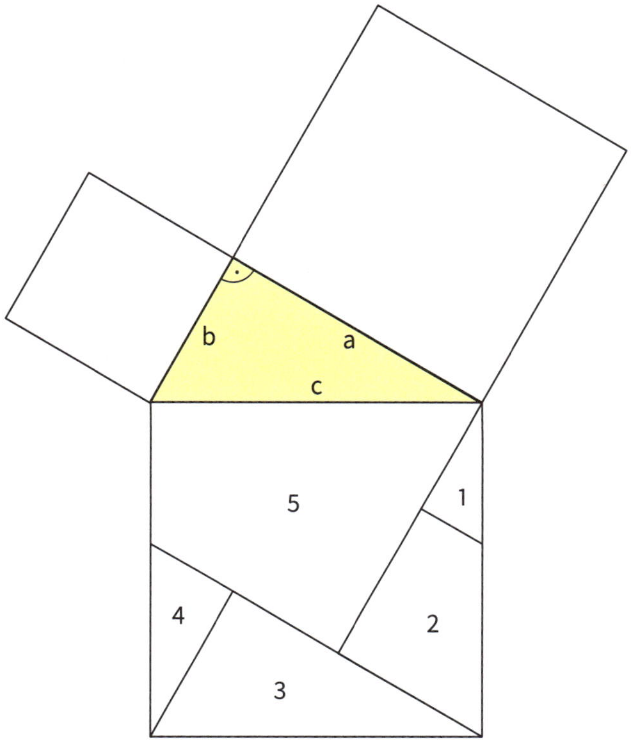

Figur 3

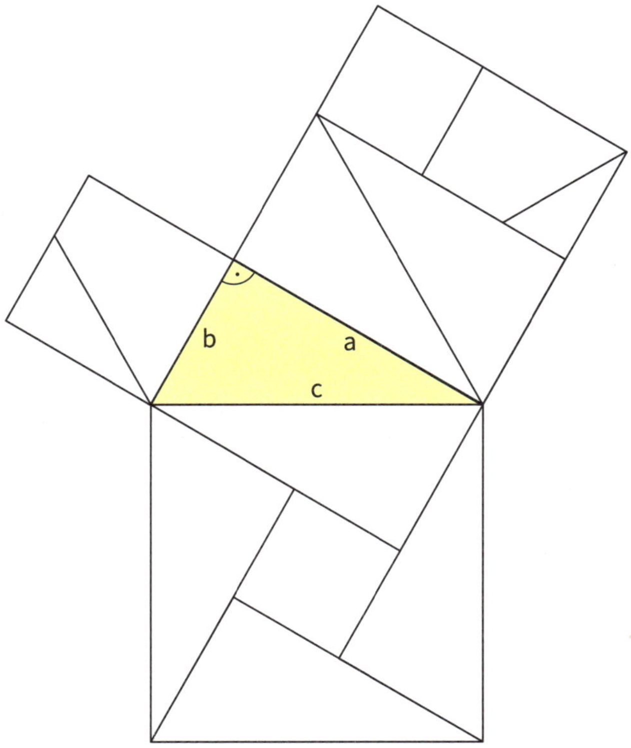

Figur 4

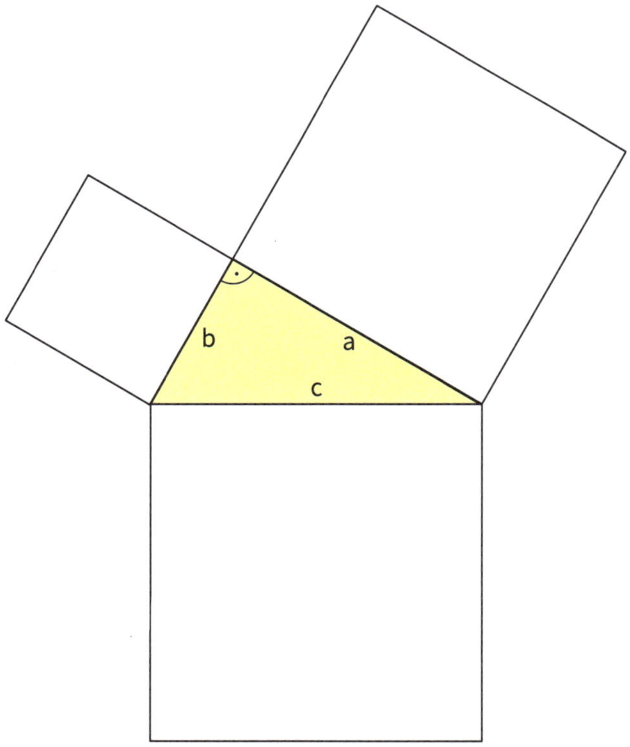

Würfel deine Aufgabe (zu Seite 48)

Schwierigkeitsstufe 1

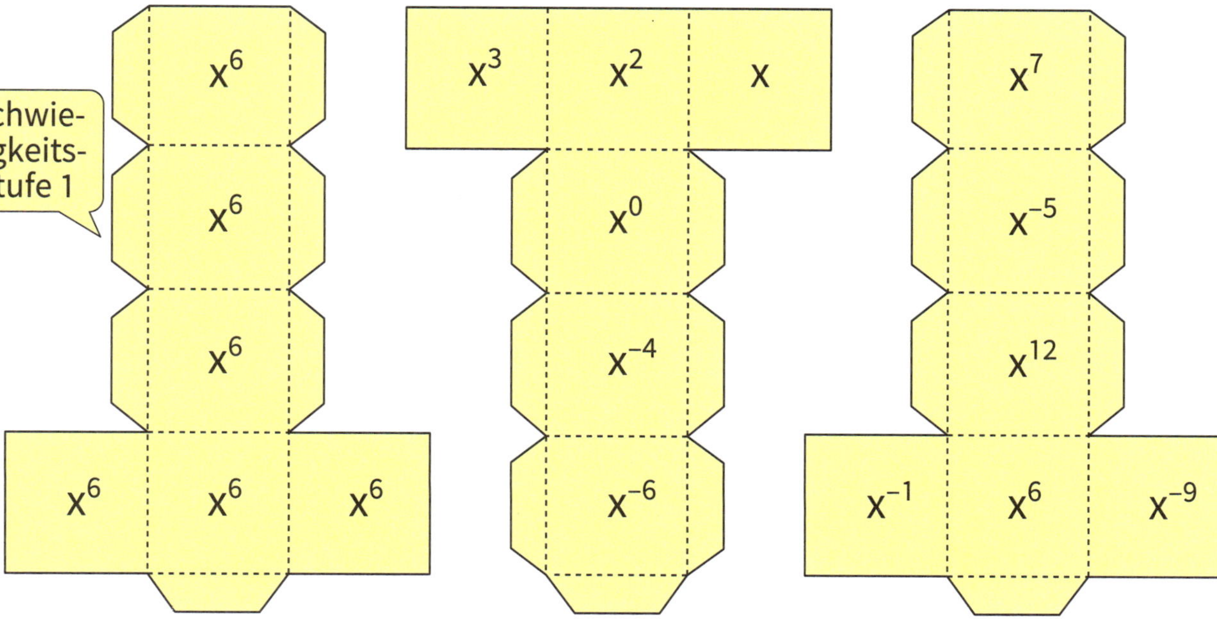

Schwierigkeitsstufe 2

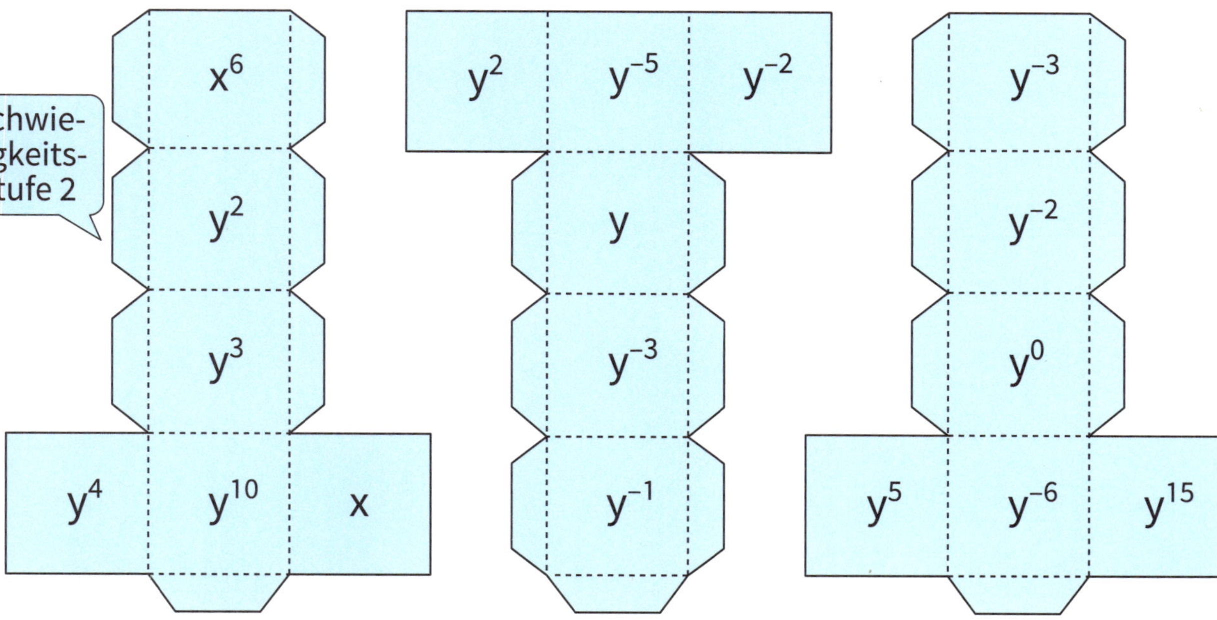

Schwierigkeitsstufe 3

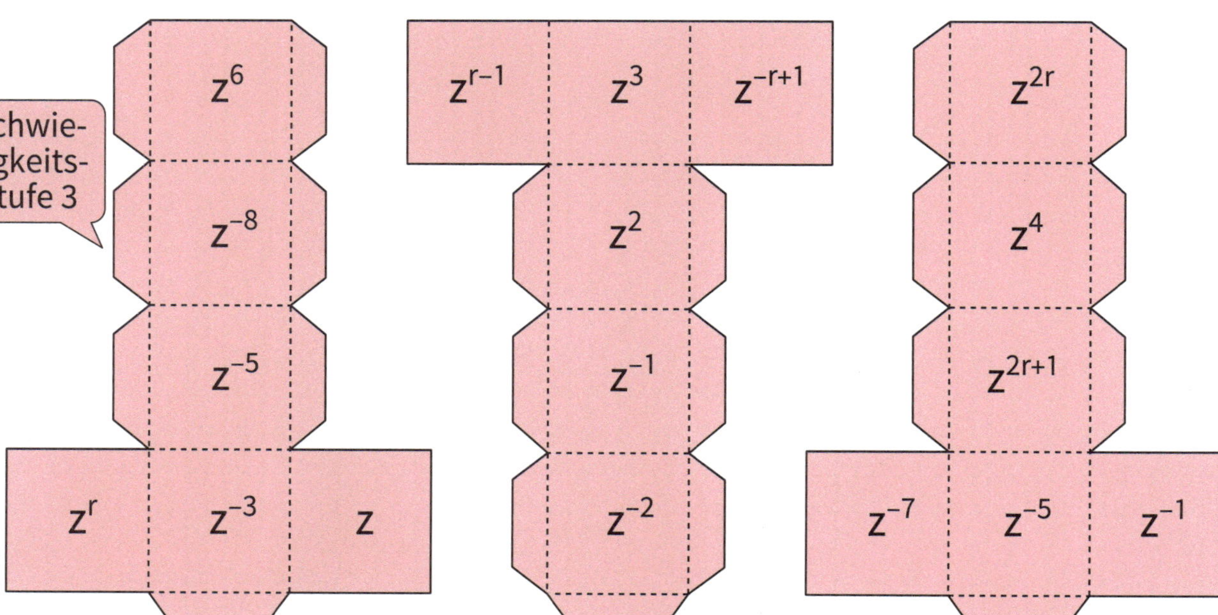

3.5 Sinus, Kosinus und Tangens

19. Markiere in den gegebenen Dreiecken die Hypotenuse rot, die Ankathete blau und die Gegenkathete grün. Gib die jeweiligen Seitenverhältnisse an.

a)

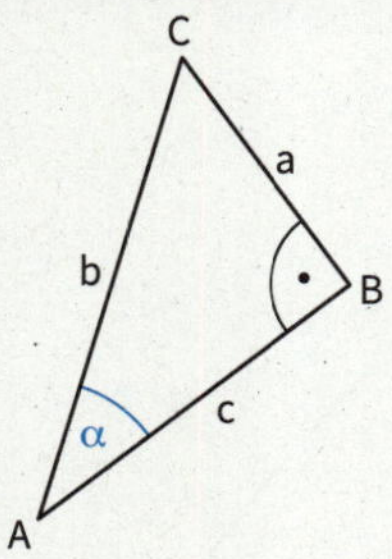

b)

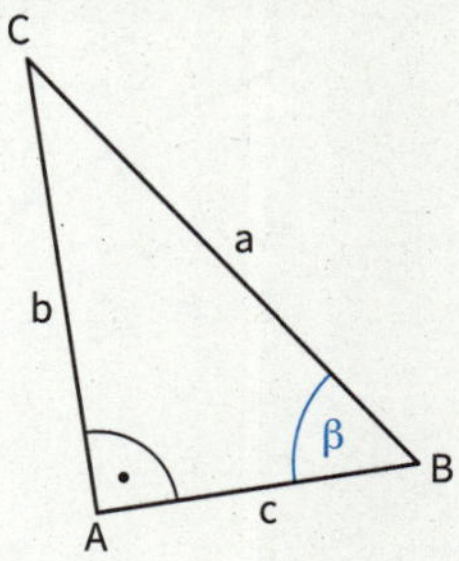

c)

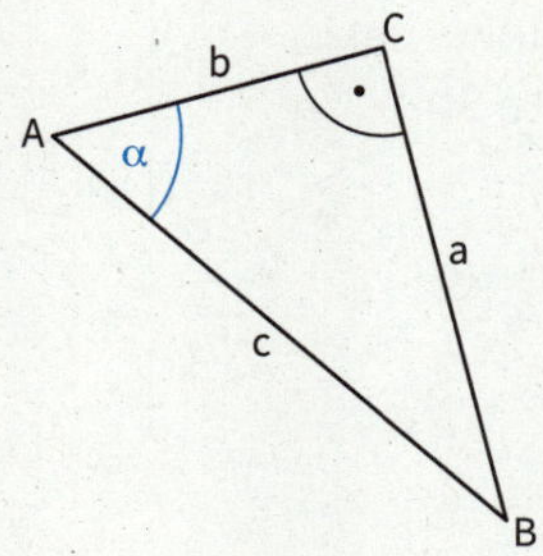

d)

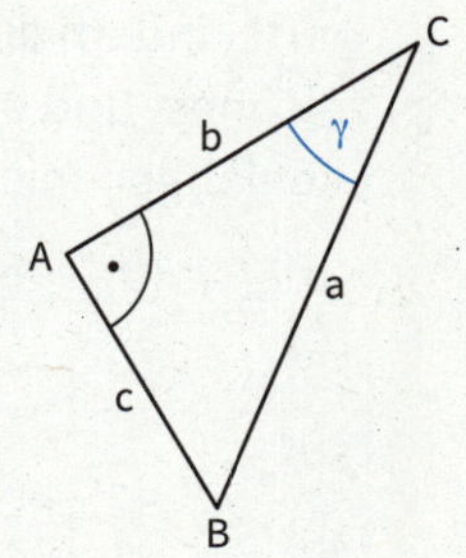

$\sin(\alpha) =$ .... $\sin(\beta) =$ .... $\sin(\alpha) =$ .... $\sin(\gamma) =$ ....

$\cos(\alpha) =$ .... $\cos(\beta) =$ .... $\cos(\alpha) =$ .... $\cos(\gamma) =$ ....

$\tan(\alpha) =$ .... $\tan(\beta) =$ .... $\tan(\alpha) =$ .... $\tan(\gamma) =$ ....

20. Miss im Dreieck rechts die Seitenlängen und Winkel.

a = ...

b = ...

c = ...

$\alpha =$ ....

$\beta =$ ....

$\gamma =$ ....

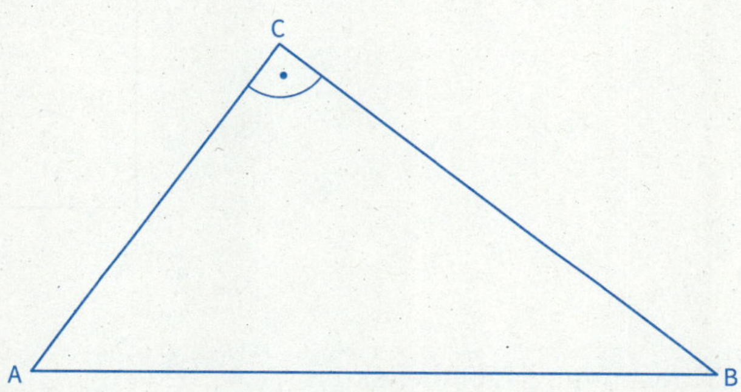

Berechne dann für die spitzen Winkel Sinus, Kosinus und Tangens.

sin (......) = ... sin (......) = ...

cos (......) = ... cos (......) = ...

tan (......) = ... tan (......) = ...

21. Gegeben ist ein Rechteck ABCD.

a) Überprüfe die Gleichungen und korrigiere, falls nötig.

(1) $\frac{|BF|}{|AB|} = \tan(\alpha_2)$ (4) $\frac{|AD|}{|CD|} = \tan(\gamma_2)$

(2) $\frac{|EF|}{|AB|} = \sin(\beta_1)$ (5) $\frac{|CF|}{|BC|} = \cos(\gamma_1)$

(3) $\frac{|CD|}{|CE|} = \sin(\delta_1)$ (6) $\frac{|DE|}{|AD|} = \cos(\delta_2)$

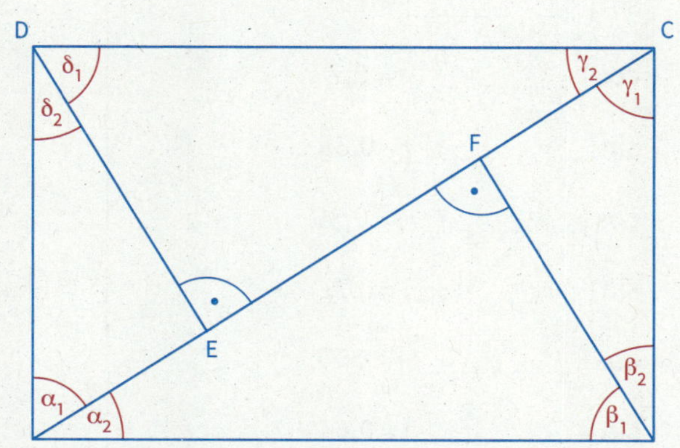

b) Stelle mindestens zwei weitere Gleichungen auf.

3.6 Bestimmen von Werten für Sinus, Kosinus und Tangens – Zusammenhänge

22. Bestimme die gesuchten Sinus-, Kosinus- und Tangenswerte, indem du die Winkel einzeichnest und benötigte Streckenlängen misst.

α	sin (α)	cos (α)	tan (α)
15°			
30°			
45°			
60°			
75°			

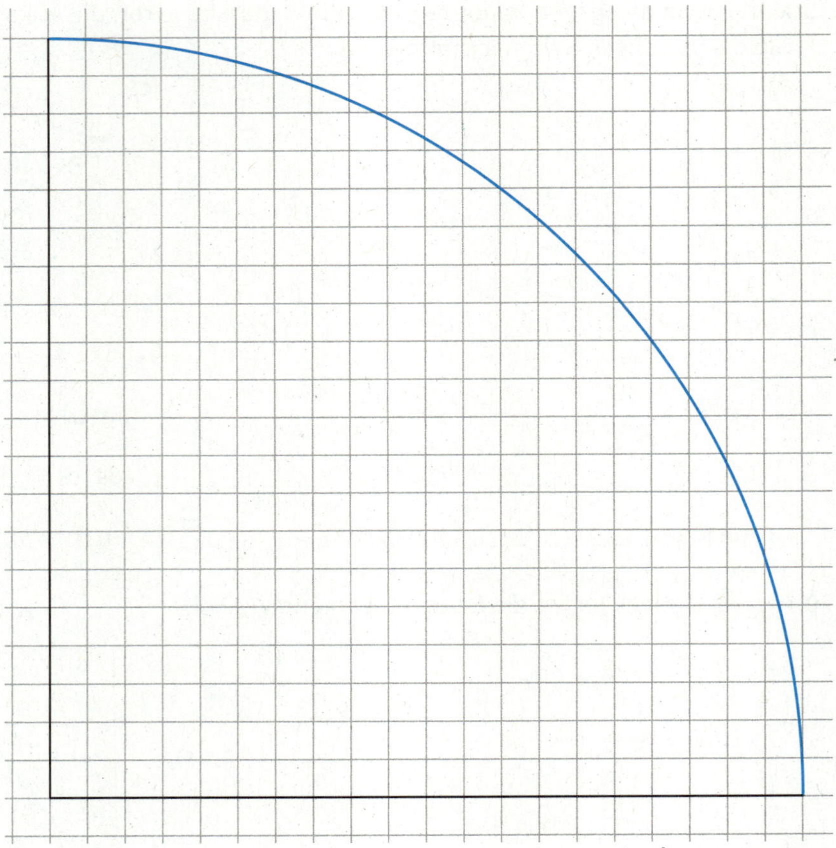

23. Bestimme am Einheitskreis die Winkel, die die angegebenen Werte für Sinus und Kosinus haben und kontrolliere mit dem Taschenrechner.

sin (..........................) = 0,4

cos (..........................) = 0,4

sin (..........................) = 0,2

cos (..........................) = 0,2

sin (..........................) = 0,35

cos (..........................) = 0,35

sin (..........................) = 0,72

cos (..........................) = 0,72

sin (..........................) = 0,64

cos (..........................) = 0,64

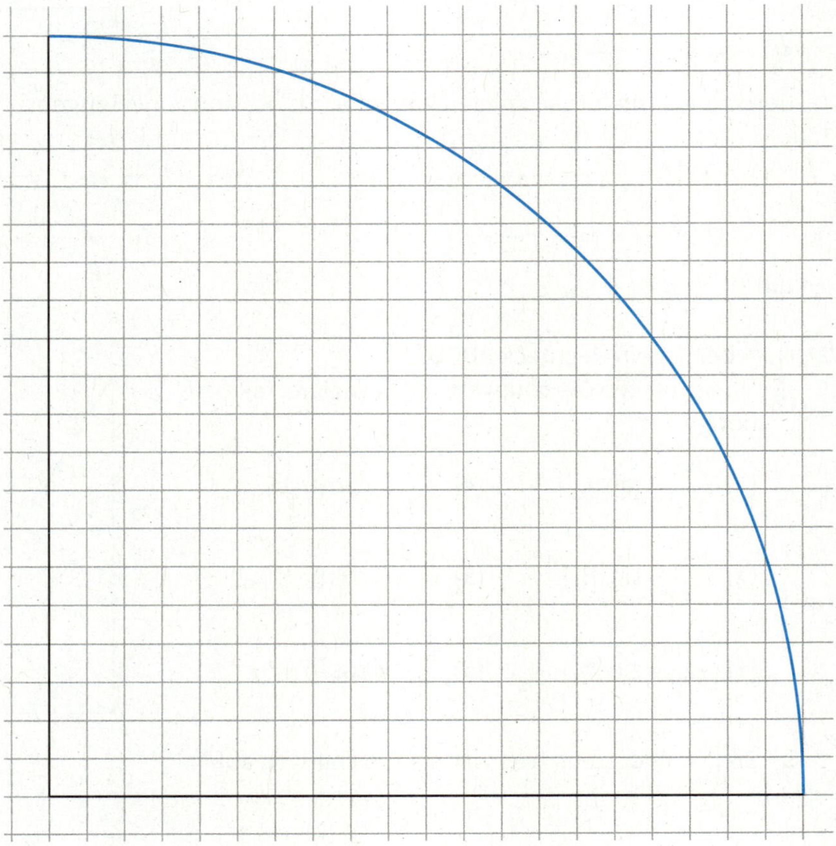

3.7 Berechnungen in rechtwinkligen Dreiecken

24. Berechne jeweils die fehlende Größe:

a)
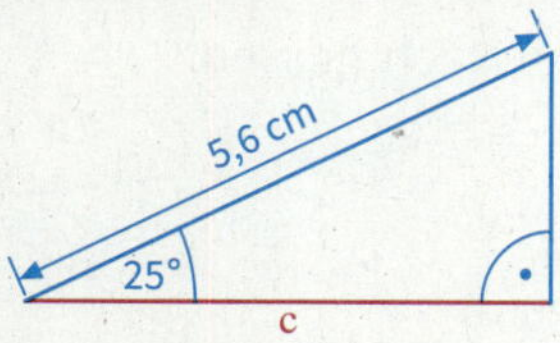

b)
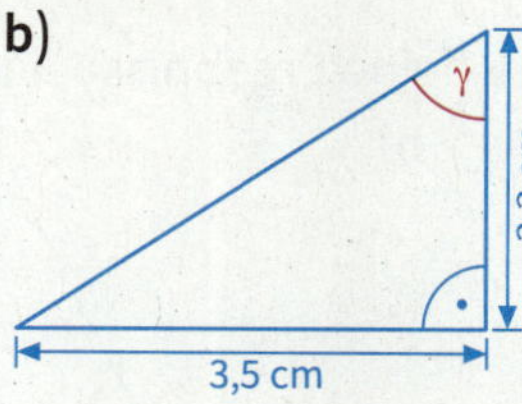

c)
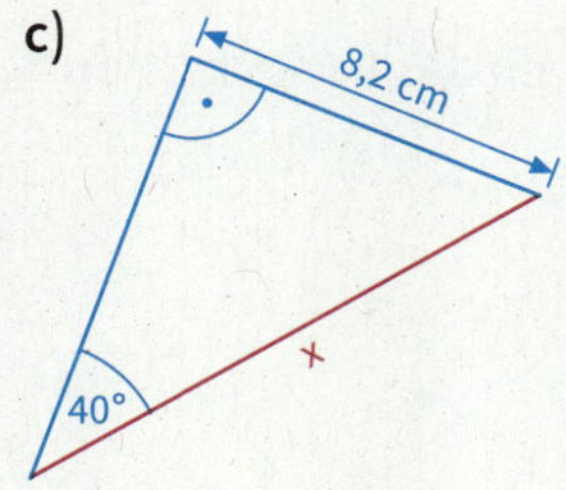

d)
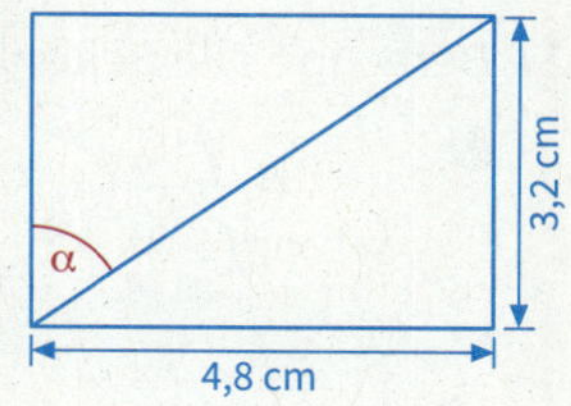

25. M ist der Mittelpunkt der Rechteckseite $\overline{CD}$.
Berechne die Größe der Innenwinkel sowie den Umfang und den Flächeninhalt des Dreiecks KBM.

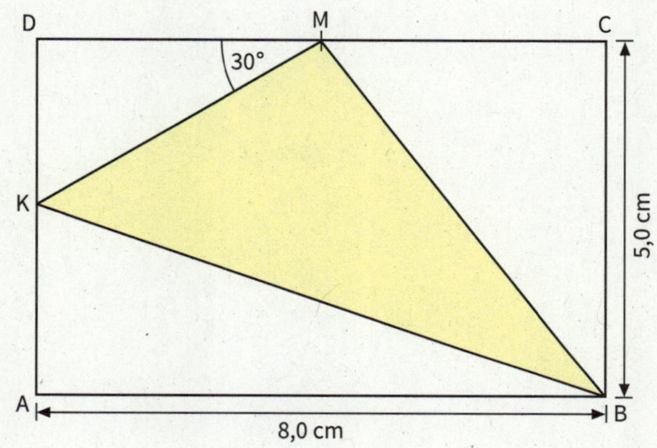

3.8 Berechnungen in gleichschenkligen Dreiecken

26. Kontrolliere die Rechnungen, die hier ausgeführt wurden. Berichtige, wenn nötig.

a)
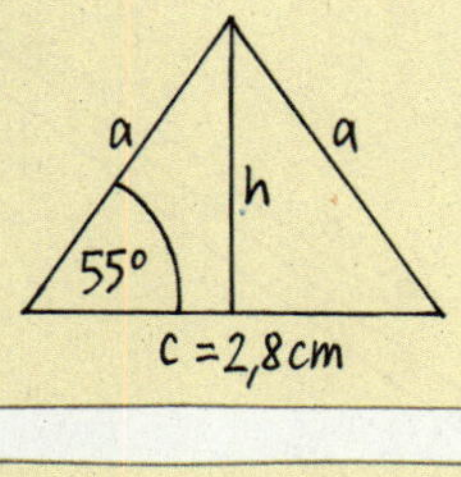

$\tan(55°) = \frac{h}{2{,}8\,cm}$

$h = 2{,}8\,cm \cdot \tan(55°)$

$h = 4{,}0\,cm$

b)
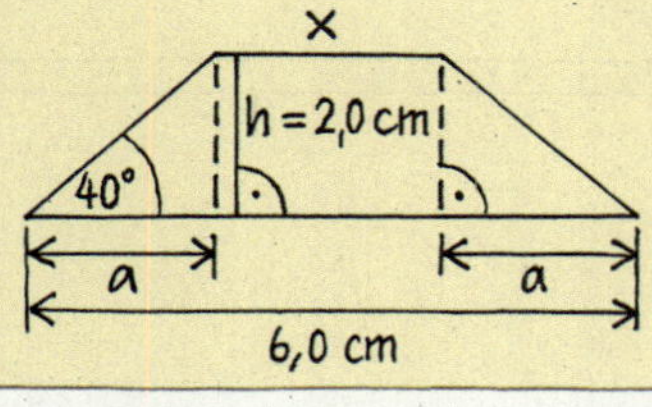

$\tan(40°) = \frac{h}{a}$

$a = \frac{h}{\tan(40°)}$

$a = 2{,}38\,cm$

$x = 6{,}0\,cm - a$

$x = 3{,}62\,cm$

c)
$e = 4{,}15\,cm$
$f = 6{,}90\,cm$

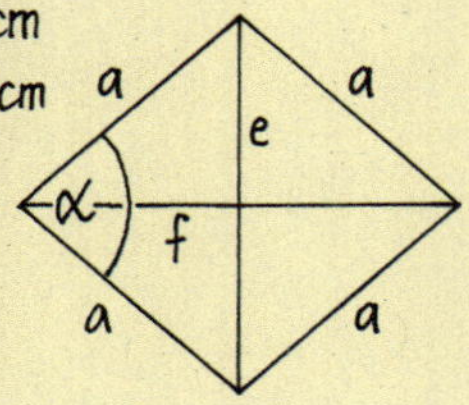

$a^2 = \left(\frac{e}{2}\right)^2 + \left(\frac{f}{2}\right)^2$

$a = 4{,}03\,cm$

$\sin(\alpha) = \frac{e}{a}$

$\sin(\alpha) = 0{,}995$

$\alpha = 83°$

3.9 Berechnungen in beliebigen Dreiecken

3.9.1 Sinussatz

27. Berechne alle Seitenlängen des Dreiecks. Kontrolliere deine Ergebnisse durch Nachmessen.

a)

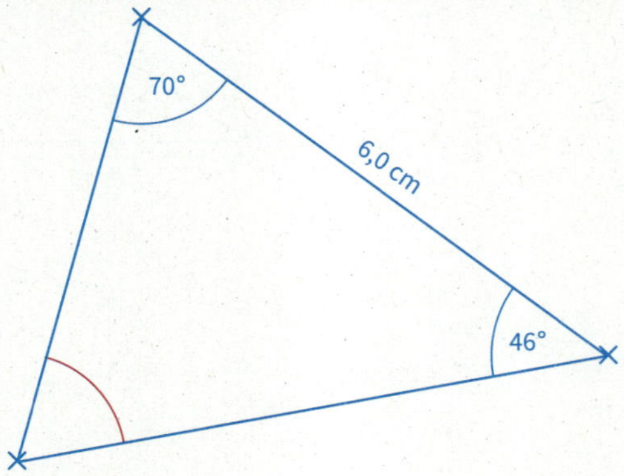

b)

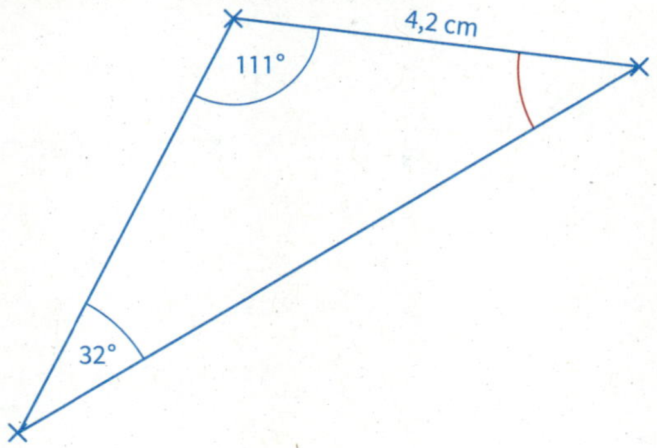

28. Die beiden Waldwege treffen unter einem Winkel von 37° aufeinander. 600 m hinter der Kreuzung wird vom nördlichen Weg unter einem Winkel von 63° eine Schneise in den Wald geschlagen, um einen neuen Verbindungsweg zwischen beiden Waldwegen einzurichten.
Ergänze die Abbildung rechts und berechne, wie lang dieser Verbindungsweg wird und wo und in welchem Winkel er auf den anderen Waldweg auftrifft.

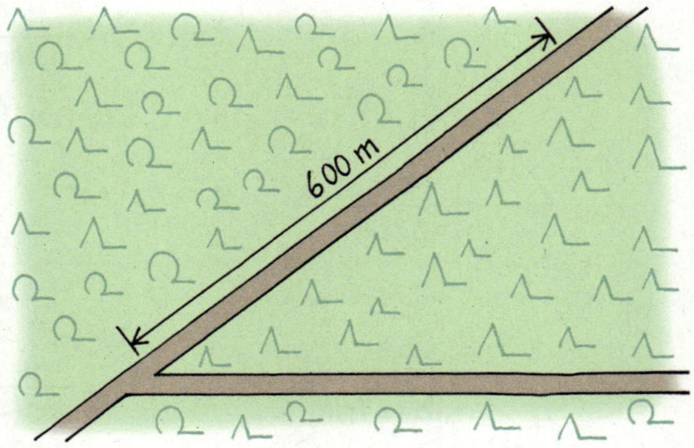

3.9.2 Kosinussatz

29. Berechne alle Seitenlängen des Dreiecks. Kontrolliere deine Ergebnisse durch Nachmessen.

a)

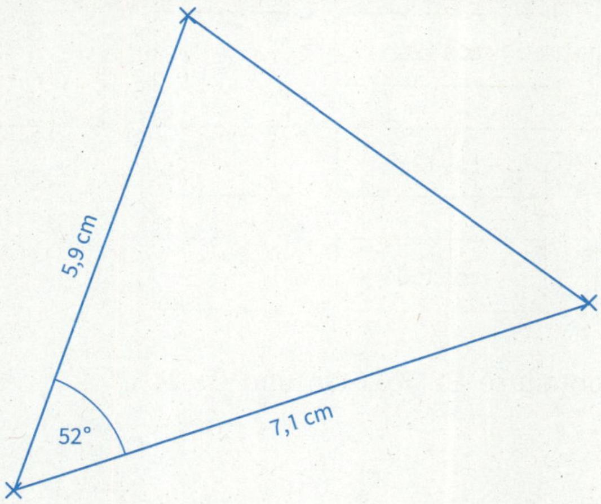

b)

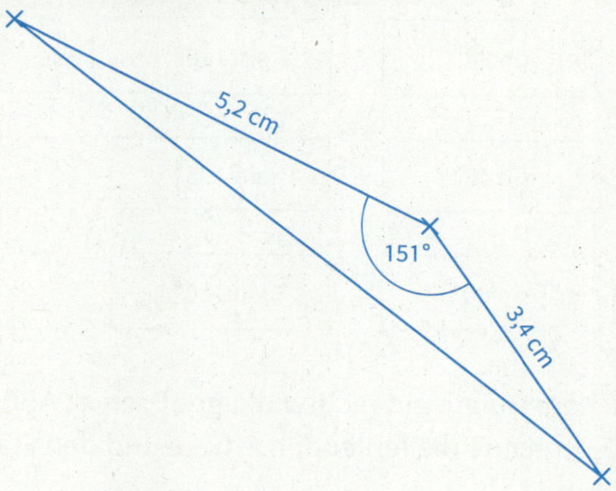

30. Auf einem dreieckigen Bauplatz wird ein Bürogebäude mit dreieckigem Grundriss errichtet.
Die Seitenlängen der Grundfläche des Gebäudes betragen 80 m, 120 m und 140 m.
Trage die Größen in das Foto rechts ein und berechne die Winkel zwischen den Kanten des Gebäudes.

3.10 Vermischte Übungen

31. Färbe gleichwertige Terme in der gleichen Farbe. Schaffst du das ohne Taschenrechner?

$\sin 30°$	$\sin 120°$	$\cos 30°$	$-\cos 120°$	$\frac{1}{2}$	$\frac{1}{2}\sqrt{3}$
$\sin 45°$	$\sin 135°$	$\cos 45°$	$-\cos 135°$		
$\sin 60°$	$\sin 150°$	$\cos 60°$	$-\cos 150°$	$\frac{1}{2}\sqrt{2}$	

32. Konstruiere ein rechtwinkliges Dreieck ABC mit der Hypotenuse $|BC| = 6{,}0\,\text{cm}$ und $\beta = 24°$.
Berechne die fehlenden Stücke und den Flächeninhalt.

33. Fülle die Tabelle aus. Beschrifte dazu zunächst die Planfigur, suche dann jeweils eine geeignete Formel.

gegeben	$\alpha = 60°$, $b = 5\,\text{cm}$, $c = 10\,\text{cm}$	$\beta = 30°$, $\gamma = 120°$, $c = 10\,\text{cm}$	$a = 5\,\text{cm}$, $b = 7\,\text{cm}$, $c = 10\,\text{cm}$	$a = 10\,\text{cm}$, $b = 2\,\text{cm}$, $\alpha = 30°$
gesucht	a	b	α	β
Planfigur	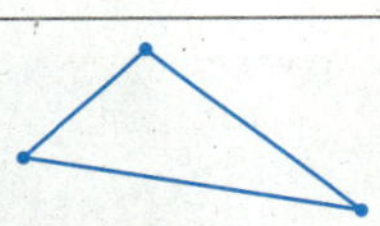	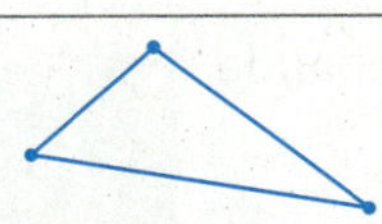	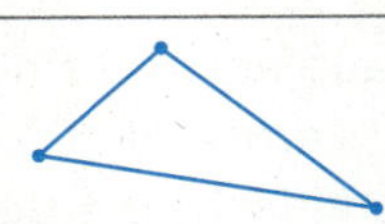	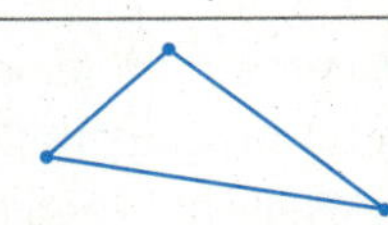
verwendete Formel				

Rechnung:

34. Gegen den Lärm beim Abbau von Kohle im Tagebau sollen die Anwohner durch einen Wall geschützt werden. Der Böschungswinkel soll auf einer Seite 20°, auf der anderen Seite 35° betragen. Die Sohle soll 10 m breit werden.

a) Fertige eine maßstabsgetreue Zeichnung des Walls an.

b) Beurteile die Darstellung des Walls in der Abbildung oben.

....

....

....

....

....

....

....

c) Für die Bepflanzung geht man davon aus, auf einer Wallseite etwa doppelt so viele Pflanzen zu benötigen wie auf der anderen. Ist das richtig?
Berechne dazu die Seitenlängen des Wallquerschnitts. Wie hoch wird der Wall?

3.11 Sinus- und Kosinuskurve

35. Beschrifte die Achsen des Koordinatensystems zur Sinuskurve. Verdeutliche ihre Entstehung am Einheitskreis.

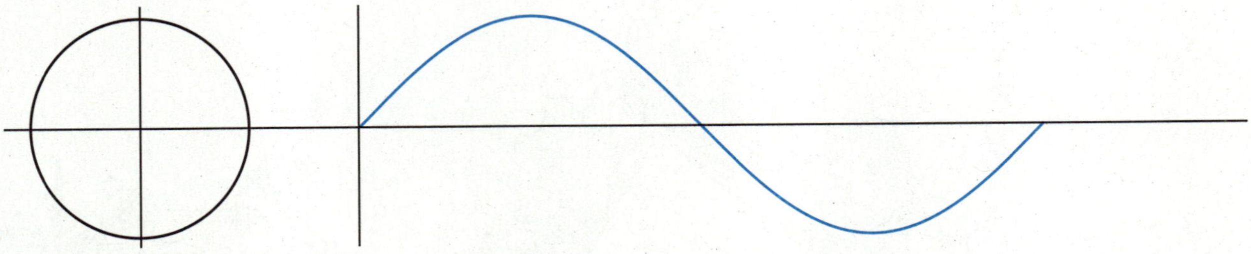

36. Beschrifte die Achsen des Koordinatensystems und zeichne die Kosinuskurve.

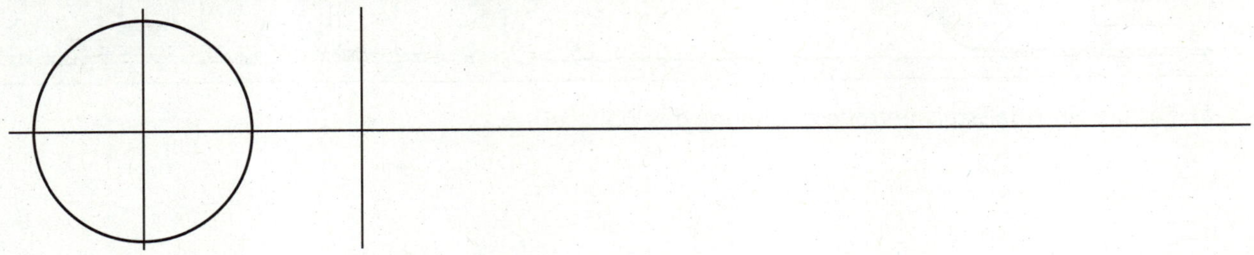

37. Bestimme am Einheitskreis die gesuchten Sinuswerte. Trage dazu die jeweiligen Winkel ein und bestimme die Koordinaten des Schnittpunktes des von dir gezeichneten Schenkels mit dem Kreis.

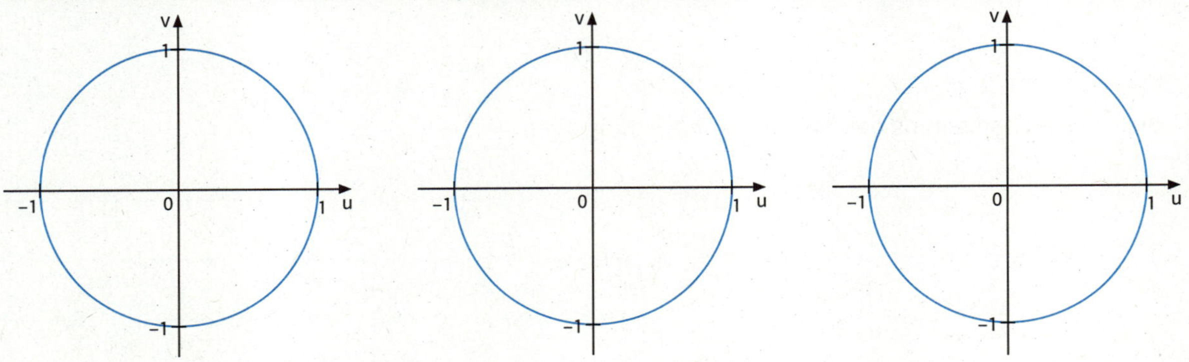

sin (26°) = ... sin (165°) = ... sin (215°) = ... sin (320°) = ...

38. a) Gegeben ist die Sinuskurve. Bestimme den Sinuswert für 30° mithilfe des Graphen der Funktion.

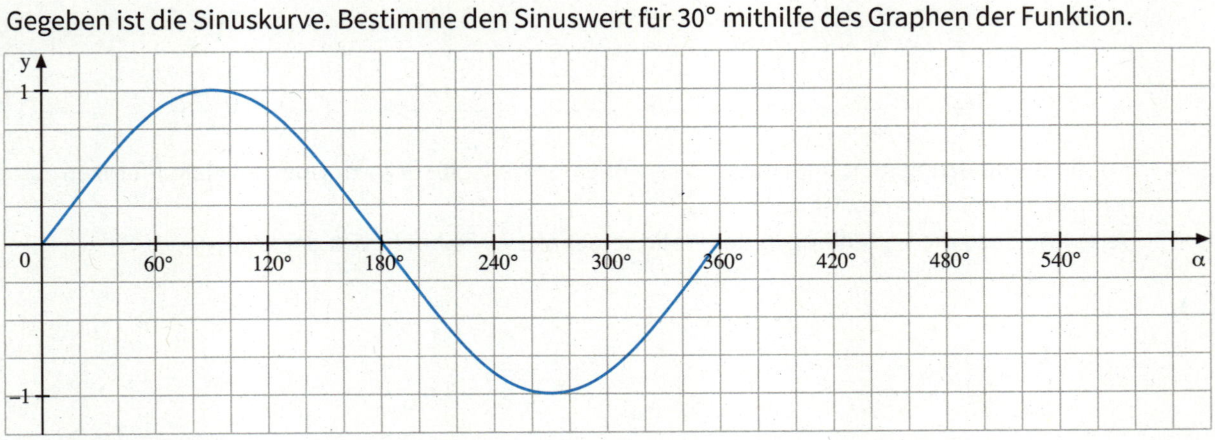

b) Suche alle weiteren Winkel im abgebildeten Bereich, die den gleichen Sinuswert haben wie 30°. Notiere die von dir gefundenen Winkel in einer Formel.

sin (30°) = sin (............) = ...

4.1 Potenzen mit ganzzahligen Exponenten

4.1.1 Definition und Anwendung der Potenzen mit natürlichen Exponenten

1. a) Finde für jede Zahl zwei weitere Schreibweisen wie im Beispiel. $2^5 = 2 \cdot 2 \cdot 2 \cdot 2 \cdot 2 = 32$

$3^4 =$ $-0{,}04 =$ $\frac{1}{3} \cdot \frac{1}{3} \cdot \frac{1}{3} \cdot \frac{1}{3} =$

$0{,}2^2 =$ $64 =$ $(-6) \cdot (-6) \cdot (-6) =$

$\left(-\frac{1}{5}\right)^3 =$ $256 =$ $0{,}1 \cdot 0{,}1 \cdot 0{,}1 =$

b) Nicht lange rechnen: Kreise alle positiven Zahlen ein.
$(-5)^3$ $-(-5)$ $(-(-5))^1$ $(-5)^2$ $-(-5)^2$ -5^2 $-(-5)^{11}$ $(-(-5))^0$ $-(-(-5))^4$ $(-(-(-5)))^{234}$

c) Ordne der Größe nach: 5^5 5^{20} $0{,}5^{20}$ $(-5)^5$ $(-0{,}5)^{20}$ 50^{20} -50^{20}

2. Ergänze die folgenden Tabellen.

a)

Exponent	4	2		2	3	
Basis	3		2		0,5	5
Wert der Potenz		169	64	0,04		125

b)

a	0					–4			0,4
3 · a		3			–9		0,9		
a^3			–1	8				–125	

3. Vervollständige alle Leerstellen in der Schreibweise mit abgetrennten Zehnerpotenzen.

a) 60 000 = ___ · 10^__

b) 400 000 = ___ · 10^__

c) 56 000 000 000 = ___ · 10^__

d) 34 400 000 = ___ · 10^__

e) 6 700 000 000 = ___ · 10^__

f) 13 400 000 000 = ___ · 10^__

g) 13 444 500 000 = ___ · 10^__

h) 9 123 456 = ___ · 10^__

4. Vervollständige die Leerstellen in den Sätzen.

a) Der im Jahr 2012 leistungsstärkste Computer Europas heißt „Juqueen" und steht im Forschungszentrum Jülich. Er schafft 5,9 Billiarden = ___ · 10^__ Rechenoperationen pro Sekunde. Ein Petaflop sind 10^{15} Rechenoperationen pro Sekunde.

b) Der Zauberwürfel besteht aus 26 Teilen, die sich untereinander verdrehen lassen – zu 43 Trillionen = ___ · 10^__ verschiedenen Stellungen."

c) Ende des Jahres 2005 hatte die Autorin J. K. Rowling, weltweit mehr als $2{,}5 \,.\, 10^8$ Bücher des Zauberlehrlings Harry Potter verkauft. Das sind ___ Millionen Bücher.

d) Den größten Abstand von der Erde hat die Besatzung von Apollo 13 erreicht. Sie waren vierhunderteinstausendsechundfünzig Kilometer = ___ · 10^__ km von der Erde entfernt.

e) Die Dinosaurier starben in einer Zeitepoche vor rund $6{,}5 \,.\, 10^7 = 65$ ___ Jahren aus.

f) Das Gemälde „Three Studies of Lucian Freud" des irischen Malers Francis Bacon (1909–1992) wurde im November 2013 vom Auktionshaus Christie's in New York als bis dahin teuerstes Gemälde für rund 142 400 000 US-Dollar = ___ US-Dollar versteigert.

5. Der Bodensee ist mit maximal 254 m Tiefe Deutschlands tiefster See. Der Starnberger See ist an seiner tiefsten Stelle 127 m, die Müritz nur 31 m tief.
Ordne die angegebenen Flächeninhalte und Volumina den drei Seen zu. Schreibe die Größen dann auch ohne Zehnerpotenzen und gib sie schließlich in einer geeigneteren Einheit an.

$5{,}36 \cdot 10^8\ m^2$ $\quad$ $7{,}37 \cdot 10^8\ m^3$ $\quad$ $1{,}17 \cdot 10^8\ m^2$ $\quad$ $5{,}6 \cdot 10^7\ m^2$ $\quad$ $2{,}99 \cdot 10^9\ m^3$ $\quad$ $4{,}8 \cdot 10^{10}\ m^3$

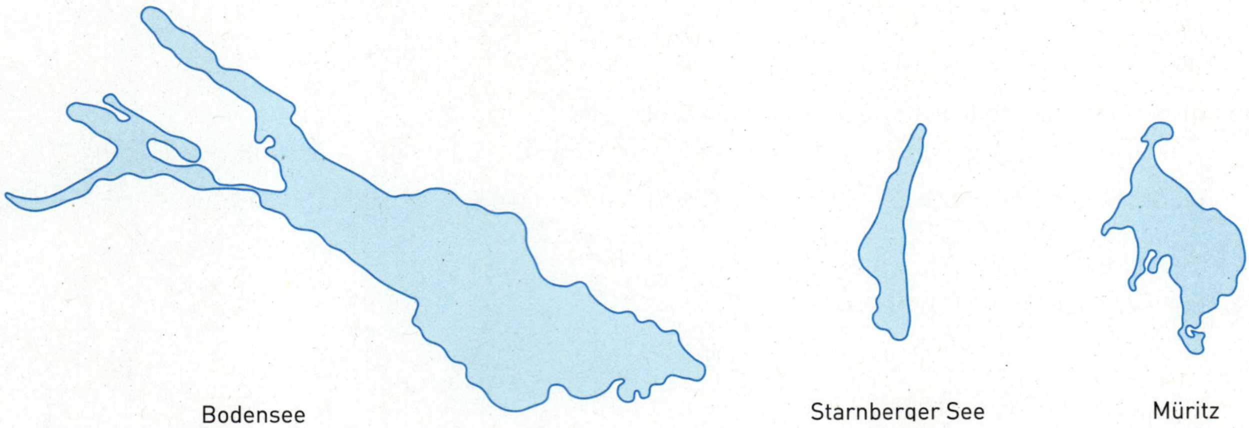

Bodensee $\qquad$ Starnberger See $\qquad$ Müritz

Bodensee	Starnberger See	Müritz
A = ...	A = ...	A = ...
=	=	= ....
=	=	= ....
V = ...	V = ...	V = ...
=	=	= ....
=	=	= ....

4.1.2 Erweiterung des Potenzbegriffs auf negative ganzzahlige Exponenten

6. Berechne im Kopf.

a) $-4^2 =$ $\qquad$ e) $\frac{2}{3^{-3}} =$ $\qquad$ i) $(-5^2)^0 =$

b) $\frac{1}{3^{-2}} =$ $\qquad$ f) $-(-1)^{11} =$ $\qquad$ j) $\frac{2^3}{5} =$

c) $(-3)^4 =$ $\qquad$ g) $(-4^2)^2 =$ $\qquad$ k) $(-1)^8 =$

d) $(-2)^5 =$ $\qquad$ h) $\frac{4}{3^2} =$ $\qquad$ l) $2^{2^2} =$

7. Forme die Terme um, sodass keine Potenzen mit negativen Exponenten auftreten. Berechne dann.

a) $4^{-2} =$ $\qquad$ c) $\frac{1}{6^{-2}} =$ $\qquad$ e) $\frac{4^2}{2^{-2}} =$

b) $\frac{4}{2^{-3}} =$ $\qquad$ d) $\frac{5}{3^{-2}} =$ $\qquad$ f) $\frac{(-1^3)}{3^{-1}} =$

8. Schreibe ohne Bruchstrich. Gib die einschränkenden Bedingungen an.

a) $\frac{1}{x} =$

b) $\frac{1}{a^2} =$

c) $\frac{5}{u^5} =$

d) $\frac{v^2}{w^2} =$

e) $\frac{2a}{(bc)^2} =$

f) $\frac{1}{(x+y)^2} =$

g) $\frac{4}{5b} =$

h) $\frac{x}{x^2+y^2}$

9. Ermittle die fehlenden Exponenten in den Zehnerpotenzen.

a) $4\ \text{mg} = 4 \cdot 10^{\square}\ \text{g}$

b) $4\ \text{mg} = 4 \cdot 10^{\square}\ \text{kg}$

c) $14\ \text{km} = 1{,}4 \cdot 10^{\square}\ \text{m}$

d) $220\ \text{cm} = 2{,}2 \cdot 10^{\square}\ \text{km}$

e) $3{,}5\ \text{cm}^2 = 3{,}5 \cdot 10^{\square}\ \text{mm}^2$

f) $3{,}5\ \text{cm}^2 = 3{,}5 \cdot 10^{\square}\ \text{m}^2$

g) $22\ \text{cm}^3 = 2{,}2 \cdot 10^{\square}\ \text{m}^3$

h) $7\ \text{l} = 7 \cdot 10^{\square}\ \text{dm}^3$

i) $7{,}8\ \mu\text{m} = 7{,}8 \cdot 10^{\square}\ \text{m}$

j) $15\ \text{ml} = 1{,}5 \cdot 10^{\square}\ \text{m}^3$

k) $320\ \text{m}^2 = 3{,}2 \cdot 10^{\square}\ \text{ha}$

l) $24\ \text{g} = 2{,}4 \cdot 10^{\square}\ \text{t}$

10. Ordne die abgebildeten Organismen jeweils ihrer Größe zu. Schreibe die Größen dann ohne Zehnerpotenzen und schließlich in der größten Längeneinheit, in der sie sich noch mit ganzen Zahlen darstellen lassen.

$2 \cdot 10^{-6}\ \text{m}$ | $2 \cdot 10^{-2}\ \text{m}$ | $2\ \text{m}$ | $2 \cdot 10^{-3}\ \text{m}$ | $2 \cdot 10^{1}\ \text{m}$ | $2 \cdot 10^{-1}\ \text{m}$

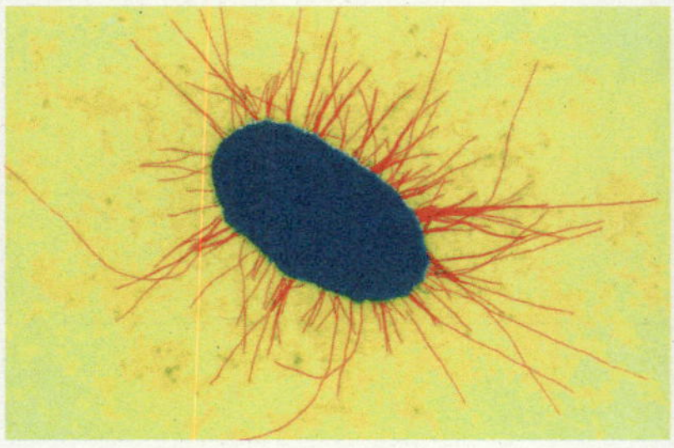

....
= ....
= ....

....
= ....
= ....

4.2 Potenzgesetze und ihre Anwendung

4.2.1 Multiplizieren und Potenzieren von Potenzen

11. Multipliziert man zwei nebeneinander stehende Potenzen, so erhält man das Ergebnis für den darüber liegenden Mauerstein. ($a, b, c, d \in \mathbb{R}$; $a, b, c, d > 0$). Vervollständige die Multiplikationsmauern.

a)

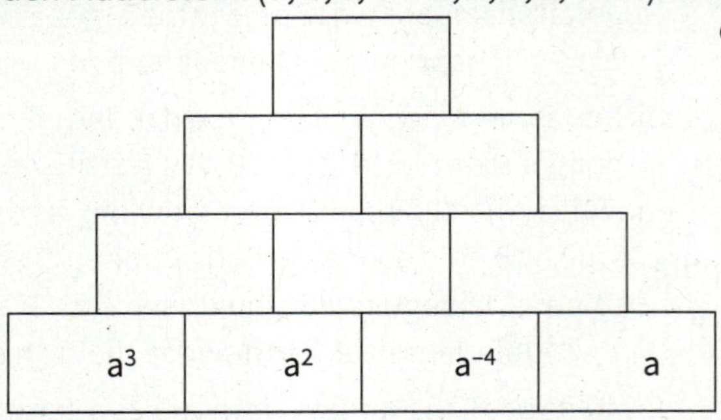

c)

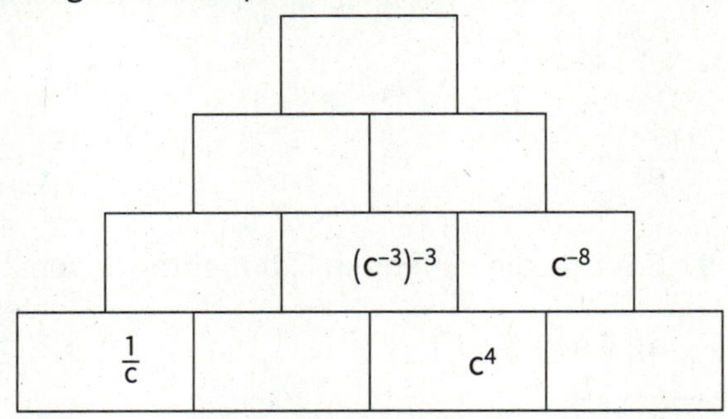

b)

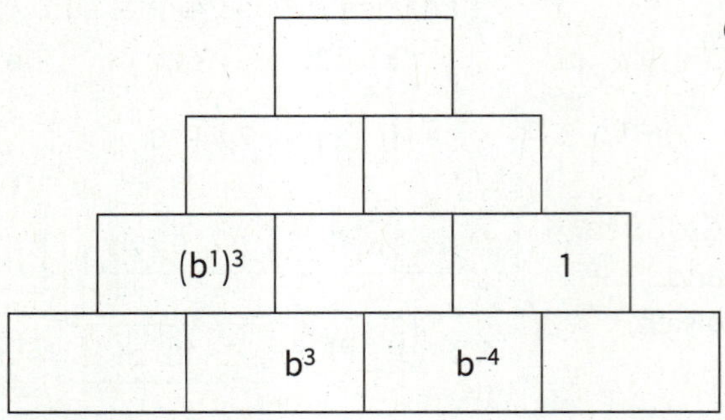

d)

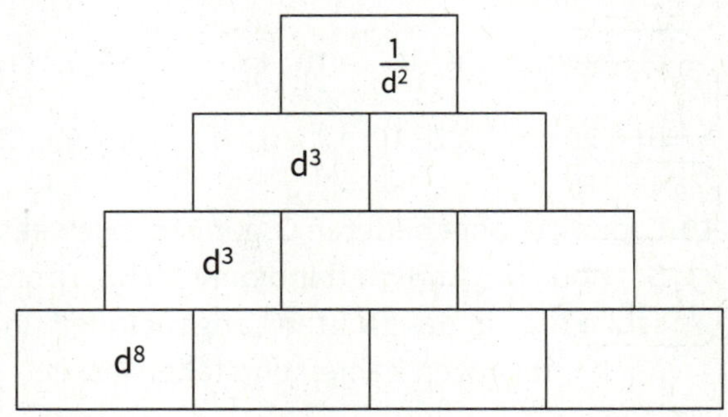

12. Ergänze die Tabelle.

Zahl a	Schreibweise mit abgetrennter Zehnerpotenz	a^2	a^{-1}
200 000			
	$5{,}43 \cdot 10^{-4}$		
			$2{,}5 \cdot 10^{-3}$
		$1{,}6 \cdot 10^{11}$	
0,00000008			
	$2{,}5 \cdot 10^{8}$		
			$4 \cdot 10^{4}$
		$9 \cdot 10^{-4}$	

13. Vervollständige. Nutze die Potenzgesetze.

a) $a^2 \cdot (\square)^3 = a^{\square}$

c) $c^{-3} \cdot c^0 = \square$

e) $e^{-1} \cdot e^{\square} = e^{-1}$

b) $b^{\square} \cdot (\square)^{-1} = b^{-3}$

d) $(d^{\square})^2 = \square^6$

f) $f^3 \cdot g^{\square} = (fg)^{\square}$

14. Berechne die Terme und färbe alle Felder mit den angegebenen Ergebnissen entsprechend.

2:

4:

8:

16:

32:

64:

128:

256:

$\sqrt{2} \cdot (\sqrt{2})^2$	$\sqrt{\sqrt{4}}$	$\sqrt{2^2} \cdot 2^2$	$\sqrt{2} \cdot (\sqrt{2})^3$	$2 \cdot \sqrt{4}$	$\sqrt{16} \cdot 2^2$
$\sqrt{4} \cdot (\sqrt{2})^3$	$(\sqrt{8})^5 \cdot (\sqrt{8})^{-3}$	$(\sqrt{2})^{-1} \cdot (\sqrt{2})^3$	2^3	$\sqrt{2^2} \cdot \sqrt{8^2}$	$2 \cdot 2^2\, 2^3$
$\sqrt{2} \cdot (\sqrt{2})^4$	$2^3 \cdot 2^{-1}$	$2 \cdot (2^2)^2$	$2^5 \cdot 2^{-3} \cdot 2^{-1}$	$4^2 \cdot 2^3$	$2^{(2^3)}$
$2^5 \cdot 2$	$0{,}25^2 \cdot 8^2$	$2^2 \cdot 2^3 \cdot 2^{-5}$	$(\sqrt{2} \cdot \sqrt{4})^2$	$(\sqrt{2})^5 \cdot (\sqrt{2})^{-3}$	$(\sqrt{2})^3 \cdot (\sqrt{2})^{-2}$
$(2^2)^3$	$2^3 \cdot 2^{-2}$	$(\sqrt{2})^7 \cdot (\sqrt{2})^7$	$(\sqrt{2})^6 \cdot (\sqrt{2})^{-2}$	$(\sqrt{2})^5 \cdot (\sqrt{2})^{-1}$	$2^5 \cdot 2^5 \cdot 2^{-2}$

4.2.2 Dividieren von Potenzen

15. Verwechsle nicht das Addieren und Multiplizieren von Potenzen. Unter den beiden Aufgaben der Zeile stehen in der nächsten vier mögliche Lösungen dafür, zwei davon sind falsch.
Färbe jeweils die Aufgabe und ihr richtiges Ergebnis in der gleichen Farbe.

a)

$a^2 + b^3 + c^3 + b^2 + c^3 + b^2$		$a^2 \cdot b^3 \cdot c^3 \cdot b^2 \cdot c^3 \cdot b^2$	
$a^2 + 2b^3 + b^2 + 3c^3$	$a^2 2b^5 c^6$	$a^2 + 2b^2 + b^3 + 2c^3$	$a^2 b^7 c^6$

b)

$2x^{-2} + 2y^3 + 3x^2 + y^3 + 0{,}4x^{-2}$		$2x^{-2} \cdot 2y^3 \cdot 3x^2 \cdot y^3 \cdot 0{,}4x^{-2}$	
$2{,}4x^{-2} \cdot 2y^6$	$5{,}4x^{-2} + 3y^3$	$2{,}4x^{-2} + 3y^3 + 3x^2$	$2{,}4x^2 \cdot 3y^6$

c)

$2c^2 + 5cd + 2d^2 - 3c^2 - 5cd - 3d^2$		$2c^2 \cdot 5cd \cdot 2d^2 \cdot 3c^2 \cdot 5cd \cdot 3d^2$	
$800c^6 \cdot d^6$	$900c^6 \cdot d^6$	$-c^2 + d^2$	$-d^2 - c^2$

16. „Würfel deine Aufgabe"

Die Würfel auf dem Bastelbogen in der Heftmitte sind mit Potenztermen in drei Schwierigkeitsstufen beschriftet.

a) Würfelt zuerst mit zwei Würfeln einer Schwierigkeitsstufe. Die beiden obenliegenden Werte werden multipliziert oder dividiert. Darüber entscheidet ein Münzwurf: Bei Wappen wird multipliziert, bei Zahl wird dividiert.
Notiert die entstehende Aufgabe und rechnet. Nach einer vorher festgelegten Anzahl von Aufgaben wird der dritte Würfel dazu genommen.

b) Erhöht die Schwierigkeitsstufen. Verwendet Würfel aus verschiedenen Schwierigkeitsstufen.
Spielvariante: Wer den Potenzwert mit dem größeren Betrag würfelt, erhält einen Punkt.

17. Färbe Felder mit wertgleichen Termen in der gleichen Farbe.

$\left(\frac{a}{b^2}\right)^{-3}$	$\frac{3^{a+b}}{2^b}$	$\left(\frac{2}{3}\right)^{-b} \cdot 3^a$	$\frac{a^{-3}}{b^{-5}}$
$\frac{2^{-b}}{(3^b)^{-a}}$	$\left(\frac{b}{a}\right)^3 \cdot b^3$	$\left(\frac{a}{b}\right)^{-3} \cdot \left(\frac{1}{b}\right)^{-2}$	$\frac{3^{a \cdot b}}{2^b}$
$\left(\frac{3^a}{2}\right)^b$	$\frac{1}{b^{-5} \cdot a^3}$	$\left(\frac{b^2}{a}\right)^3$	$\frac{(3^b)^a}{2^b}$
$\left(\frac{a}{b}\right)^3 \cdot b^2$	$2^{-b} \cdot 3^{a+b}$	$\frac{3^a \cdot 3^b}{2^b}$	$\left(\frac{a}{b}\right)^{-3} \cdot b^3$

18. Alles ohne Taschenrechner lösbar. Vereinfache und berechne.

a) $\frac{3^5}{6^5} =$

b) $9^{-4} : 3^{-4} =$

c) $6 : (-3)^3 =$

d) $\frac{24^3}{8^3} =$

e) $\frac{36^5}{18^5} =$

f) $\frac{49^3}{7^3} =$

g) $\frac{0{,}5^{-2}}{0{,}5^{-6}} =$

h) $\frac{(0{,}5)^{-2}}{(0{,}5)^{-4}} =$

4.3 Zinseszins

19. Leif und Johanna haben von ihren Großeltern jeweils 2 500 € geschenkt bekommen. Leif weiß noch nicht, wofür er das Geld verwenden möchte, und legt es deshalb zunächst auf einem Tagesgeldkonto zu einem Zinssatz von 0,5 % an. Johanna kauft sich eine Kamera für 200 € und legt das übrige Geld auf einem Festgeldkonto zu einem Zinssatz von 1,4 % für 5 Jahre fest an.

a) Trage in die Tabelle ein, wie sich das Guthaben von Leif und Johanna in den nächsten fünf Jahren entwickelt, wenn Leif in dieser Zeit nichts von seinem Konto abhebt.

	Anfangskapital	Kapital nach einem Jahr	Kapital nach zwei Jahren	Kapital nach drei Jahren	Kapital nach vier Jahren	Kapital nach fünf Jahren
Leif						
Johanna						

b) Trage die Werte nun in das nebenstehende Koordinatensystem ein. Beschrifte das Diagramm vollständig und ergänze jeweils die Kapitalentwicklung für weitere zwei Jahre. Gehe dabei davon aus, dass sich nichts an den jeweiligen Anlagebedingungen ändert.

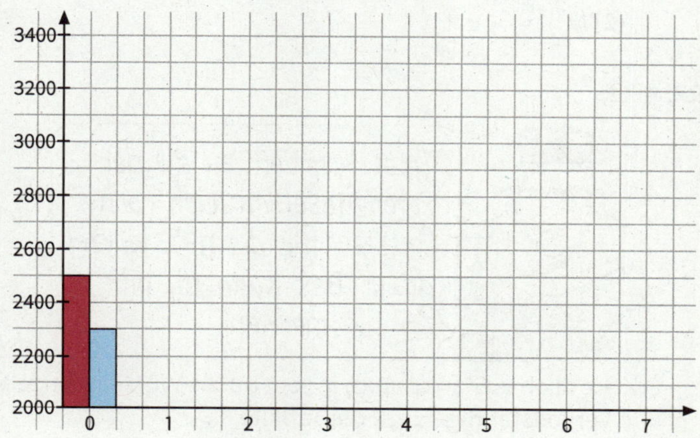

20. Lisa möchte ihr gespartes Geld möglichst gut anlegen. Sie informiert sich deshalb im Internet über unterschiedliche Anlagebedingungen. Dabei stößt sie auf den rechts abgebildeten Renditerechner.

a) Kontrolliere die Aufgabe im Renditerechner rechts.

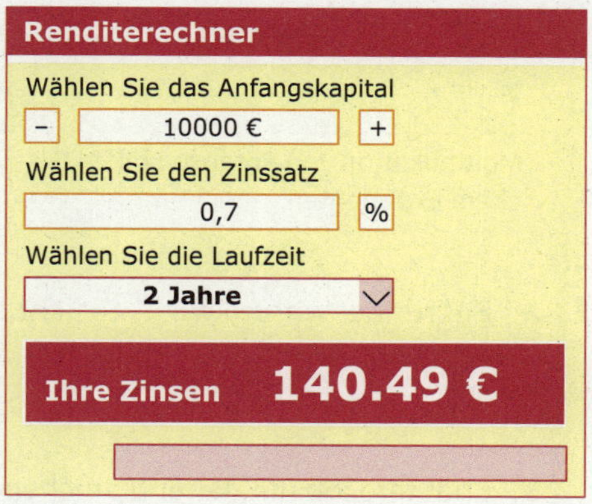

b) Lisa hat sich mit einem Tabellkalkulationsprogramm selbst einen solchen Renditerechner erstellt. Sie kann nun das Anfangskapital, den Zinssatz und die Laufzeit eingegeben, das Programm errechnet ihr daraus dann die Zinsen für die gesamte Anlagezeit.
Was hat Lisa in das Feld D2 eingetragen?

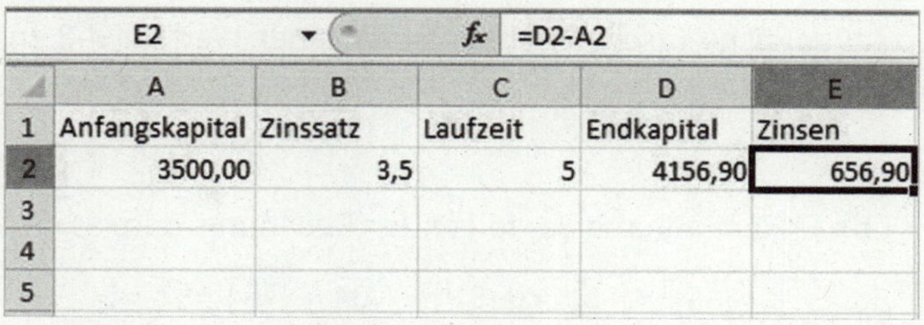

E2 | fx | =D2-A2

	A	B	C	D	E
1	Anfangskapital	Zinssatz	Laufzeit	Endkapital	Zinsen
2	3500,00	3,5	5	4156,90	656,90
3					
4					
5					

Bist du kompetent im Argumentieren und Kommunizieren Umgang mit Potenzen ?

21. a) Erläutere Mia ganz ausführlich, was du von ihrer Argumentation hältst. Argumentiere überzeugend.

b) Folgende Terme sollen vereinfacht werden. Begründe ausführlich mit Termen die Ergebnisse.

(1) $x^3 : x^5 =$

(2) $(x^3)^5 =$

22. Mike:

Micha:

Erkläre Michas Standpunkt, indem du die Wurzelgesetze auf die entsprechenden Potenzgesetze zurückführst und vervollständige dazu die Tabelle.

$\sqrt[n]{a} \cdot \sqrt[n]{b} = \sqrt[n]{a \cdot b}$	$\frac{\sqrt[n]{a}}{\sqrt[n]{b}} = \sqrt[n]{\frac{a}{b}}$	$\sqrt[n]{\sqrt[m]{a}} = \sqrt[mn]{a}$
$a^{\frac{1}{n}} \cdot b^{\frac{1}{n}} =$		
Multiplikation von Potenzen mit gleichem Exponenten		

23. a) Begründe, warum wir $\sqrt[2]{-8}$ nicht definiert haben.

b) Erläutere, ob mit der entsprechenden Argumentation begründet werden kann, warum wir $\sqrt[3]{-8}$ nicht definiert haben.

c) Manche Taschenrechner geben einen Wert für $\sqrt[3]{-8}$ an. Erläutere, welchen.

d) Erkläre anhand der folgenden Rechnung, dass es nicht sinnvoll ist, eine Zahl $\sqrt[3]{-8}$ zu definieren.

$\sqrt[3]{-8} = (-8)^{\frac{1}{3}} = (-8)^{\frac{2}{6}} = ((-8)^2)^{\frac{1}{6}} = \sqrt[6]{64} = \sqrt[3]{\sqrt[2]{64}} = \sqrt[3]{8} = 2$

5.1 Darstellen von Daten mit zueinander ähnlichen Figuren

1. Rechts siehst du ein Quadrat mit der Seitenlänge 3 cm. Zeichne ein dazu ähnliches Quadrat mit dem Ähnlichkeitsfaktor 1,5. Vergleiche die Flächeninhalte der beiden Quadrate. Veranschauliche das Ergebnis durch Unterteilung des großen Quadrates.

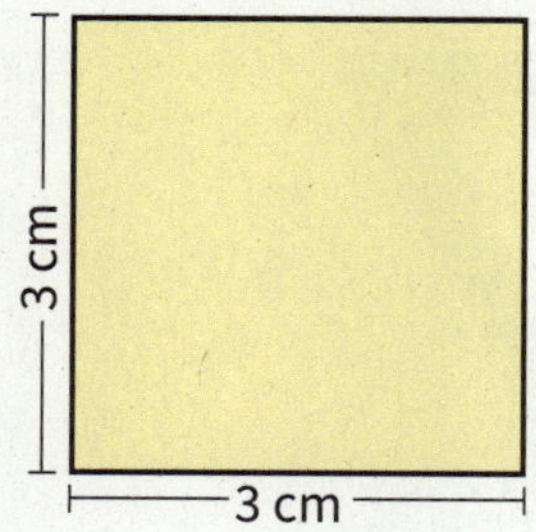

2. Jede Tabelle enthält die Maße von zwei zueinander ähnlichen Vielecken. Vervollständige die Tabelle.

a)

	Seite a	Seite b	Flächeninhalt	Ähnlichkeitsfaktor	Flächeninhaltsverhältnis
Rechteck 1	3,5 cm			k =	
Rechteck 2	8,4 cm	5,88 cm			

b)

	Seite c	Höhe h_c	Flächeninhalt	Ähnlichkeitsfaktor	Flächeninhaltsverhältnis
Dreieck 1	6 cm	3 cm		k = 0,8	
Dreieck 2					

c)

	Seite a	Höhe h_a	Flächeninhalt	Ähnlichkeitsfaktor	Flächeninhaltsverhältnis
Parallelogramm 1	12 cm	6 cm		k =	
Parallelogramm 2			90 cm²		

3. In der Turnierordnung der Schach-Bundesliga heißt es: „Die Spielbretter müssen aus Holz bestehen. […] Die Königsgröße soll 9,5 cm betragen. Die Feldgröße soll 58 mm betragen. […] Die Farbe der Felder muss dunkelbraun oder schwarz bzw. beige oder weiß sein.“
In Marisas Hotelanlage steht ein Riesenschach. Die Kantenlänge des Schachbretts beträgt 2 Meter.

a) Gib den Ähnlichkeitsfaktor k an, mit dem die Kantenlänge des Schachbretts vergrößert wurde.

b) Ermittle die passende Königsgröße für das Schachspiel der Hotelanlage.

c) Nimm Stellung zur Aussage: „Der Flächeninhalt des Schachbretts hat sich gut vervierfacht.“

4. Nordrhein-Westfalen hat mit 3 117 Naturschutzgebieten fast viermal so viele wie Niedersachsen mit 774. Ein Grafiker hat diesen Vergleich mit den jeweiligen Schildern der beiden Bundesländer veranschaulicht:

a) Gib an, in welchem Verhältnis die Seitenlängen der beiden gezeichneten Schilder zueinander stehen.

b) Zeige zeichnerisch, dass das niedersächsische Schild viermal in das nordrhein-westfälische passt.

5.2 Analyse von grafischen Darstellungen

5. Das Kraftfahrt-Bundesamt führt eine Statistik über die Kraftstoffarten der zugelassenen Fahrzeuge. Diese Daten werden von Fahrzeugherstellern häufig abgerufen und in ihre Werbekampagnen einbezogen. Dabei kommen sehr unterschiedliche Darstellungen zustande.

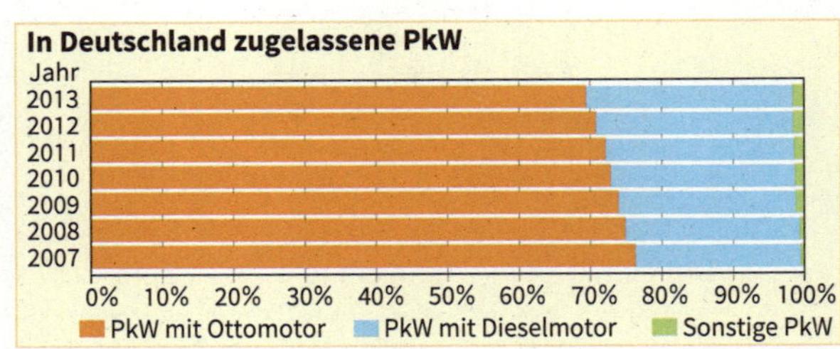

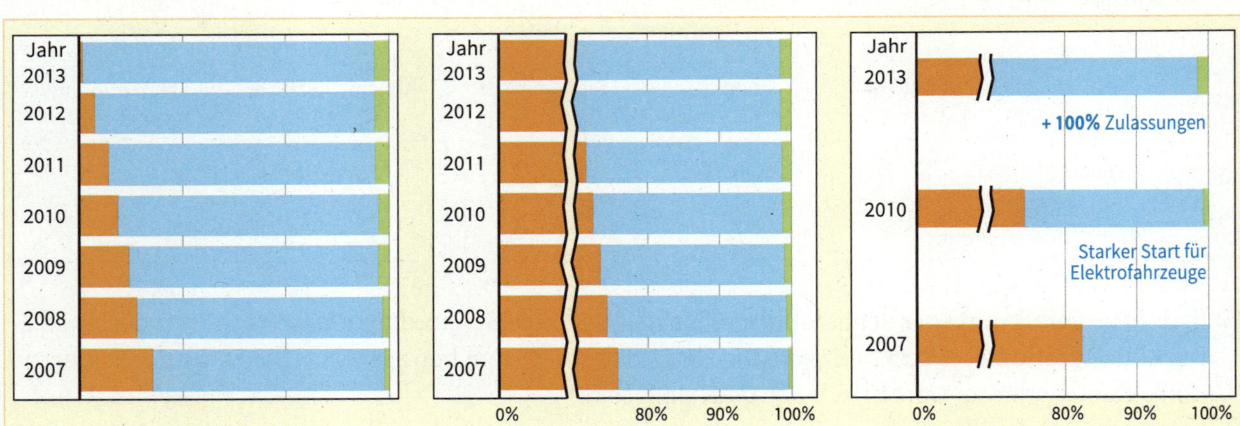

a) Beschreibe die Grafiken (1) bis (3) im Vergleich zur Ausgangsgrafik. Erläutere, was an den Grafiken zu kritisieren ist.

....

....

....

b) Mit der Grafik kann man eine Entwicklung besonders betonen. Gib zu jeder Grafik eine Überschrift an.

(1) ....

(2) ....

(3) ....

6. Noch immer gibt es in Deutschland einen Gehaltsunterschied zwischen Männern und Frauen, der als beklagenswert gilt.

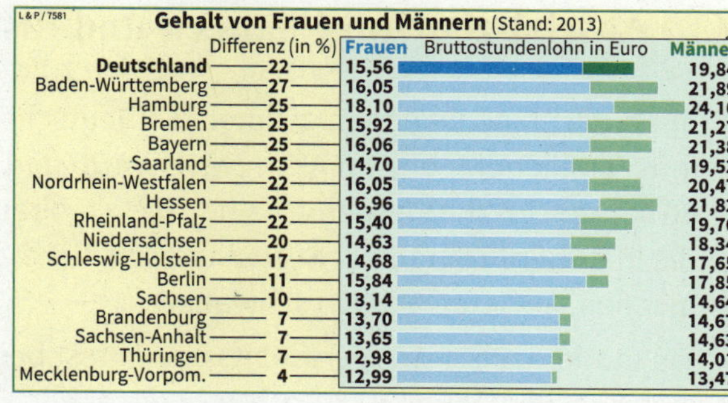

a) Formuliere die Aussage des Diagramms.

....

....

....

b) Benenne zwei Probleme der Darstellung.

....

....

7.

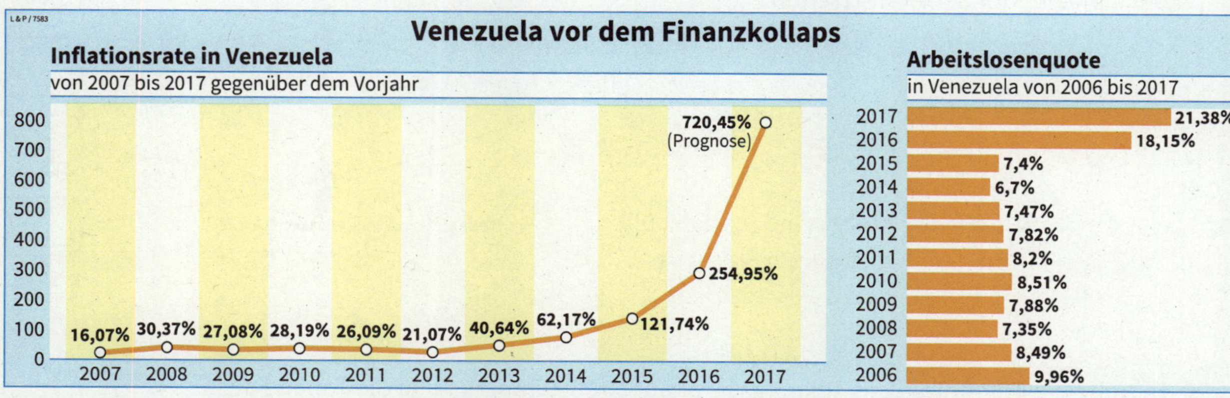

Untersuche, ob die gezeichneten Grafiken die Entwicklung angemessen verdeutlichen. Begründe deine Meinung.

....

....

....

....

....

....

8. Untersuche, ob die Grafik rechts sachgerecht angefertigt wurde. Begründe deine Überlegungen.

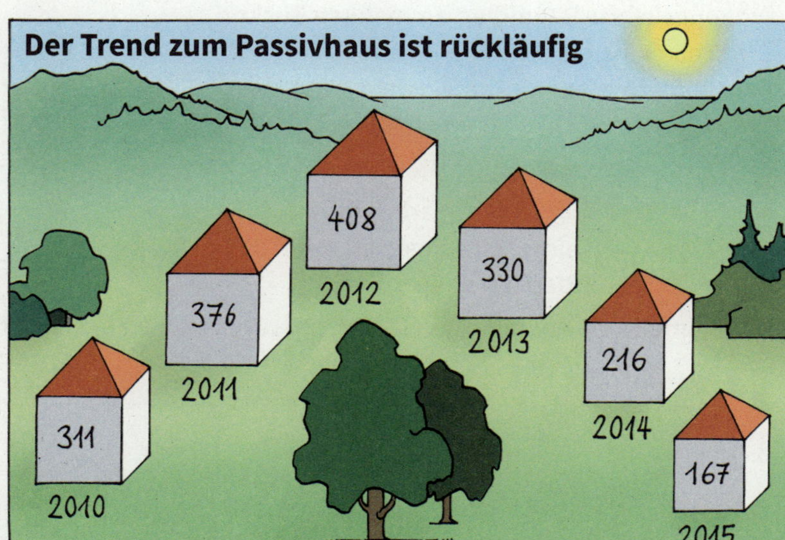

....

....

....

....

....

....

....

5.3 Abschätzen von Chancen und Risiken

9. In Deutschland beginnen die meisten Deutschen ihre Familienplanung im Alter zwischen 20 und 30 Jahren. Erfahrungsgemäß sind 30 % der Frauen, die in diesem Zeitfenster Schwangerschaftstests machen, auch tatsächlich schwanger.

Ein moderner Schwangerschaftsschnelltest besitzt eine Sensitivität von 97 % (d. h. wer tatsächlich schwanger ist, wird in 97 % der Fälle ein „schwanger" als Ergebnis erhalten) sowie eine Spezifität von 98 % (d. h. wer nicht schwanger ist, erhält zu 98 % ein „nicht schwanger" als Ergebnis).

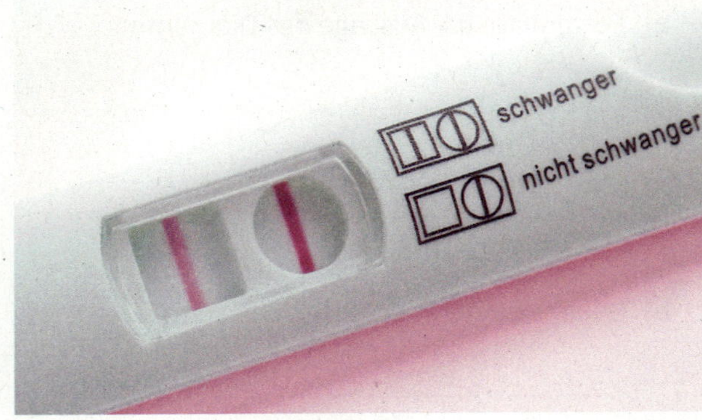

a) Ergänze das Baumdiagramm zur Testreaktion bei vorliegender Schwangerschaft.

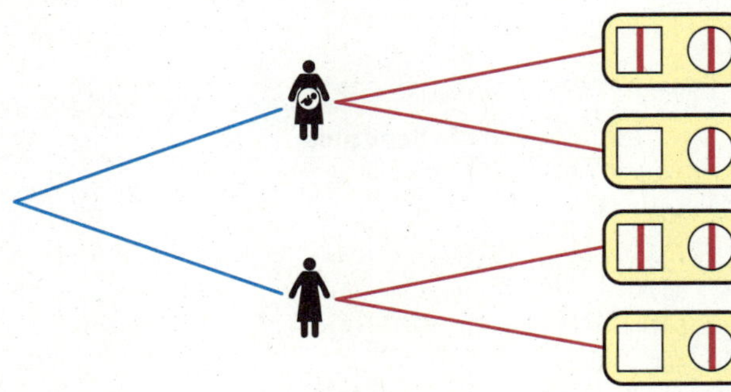

b) Beziehe die Ergebnisse aus Teilaufgabe a) auf 10 000 Frauen. Fülle die Tabelle aus:

	schwanger?		gesamt
	ja	nein	

gesamt			10 000

c) Ermittle die Wahrscheinlichkeiten für das umgekehrte Baumdiagramm durch Rückschließen.
Markiere mit einer Farbe deiner Wahl. Die Wahrscheinlichkeit dafür, dass

(1) die Frau schwanger ist, wenn das Ergebnis eine Schwangerschaft anzeigt;

(2) die Frau nicht schwanger ist, wenn das Ergebnis des Tests negativ ist.

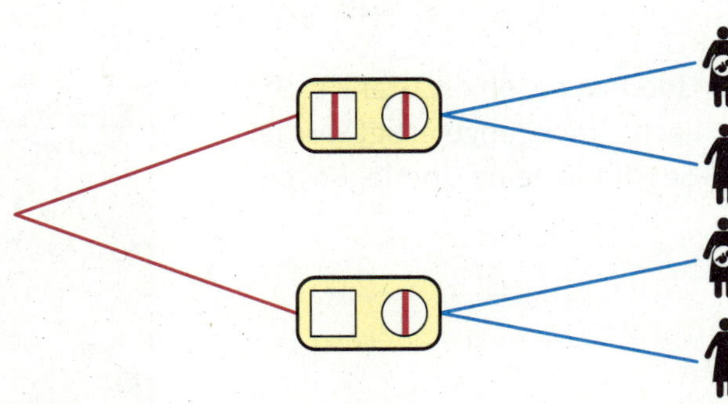

d) Beurteile die Aussage des Herstellers: „Unser Schwangerschaftstest ist zu 97,5 % sicher."

....

....

....

10. Für Praktika bei Betrieben und Universitäten werden oft Eignungstests vorangestellt, die man bestehen muss, um angenommen zu werden. Da es sich um Multiple-Choice-Tests handelt, versuchen es immer einige ohne Wissen und Vorbereitung. Angenommen, die Chance zu bestehen ist mit Vorbereitung 80 %, ohne 10 %. Ein Viertel der Bewerber probiert es unvorbereitet.

a) Ergänze die Wahrscheinlichkeiten im Baumdiagramm.

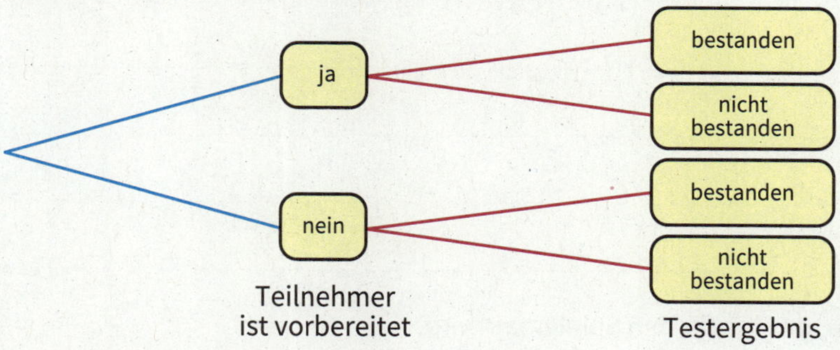

b) Ermittle folgende Wahrscheinlichkeiten:

(1) P (ein Teilnehmer besteht den Test) = ...

(2) P (ein Teilnehmer besteht den Test nicht) = ...

c) Fülle die Vierfeldertafel aus.

vorbereitet / Test	ja	nein	insgesamt
bestanden			
nicht bestanden			
insgesamt		25,0 %	100 %

d) Ergänze die Wahrscheinlichkeiten im Baumdiagramm.

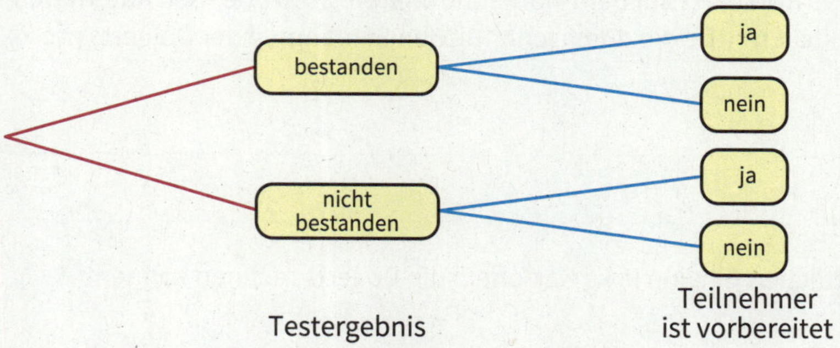

e) Ermittle die Wahrscheinlichkeit, dass

(1) ein Teilnehmer, der den Test bestanden hat, tatsächlich vorbereitet war;

(2) ein Teilnehmer, der den Test nicht bestanden hat, vorbereitet war;

(3) ein Teilnehmer, der den Test bestanden hat, nicht vorbereitet war;

(4) ein Teilnehmer, der den Test bestanden nicht hat, nicht vorbereitet war.

11. Auf deutschen Kleintierschauen erfreut sich das Spiel Eier würfeln großer Beliebtheit. Für einen Spieleinsatz von 10 Cent darf einmal mit zwei Würfeln gewürfelt werden.
Wird ein Pasch (zwei gleiche Augenzahlen) geworfen, so erhält der Spielteilnehmer ein Ei. Wirft der Spieler einen 6er-Pasch, so erhält er sogar zwei Eier. Ein Ei kostet derzeit auf dem Markt 0,24 €.

a) Begründe, weshalb dieses Spiel nicht „fair" für den Spielteilnehmer ist.

b) Passe das Spiel Eier würfeln so an, dass es für den Spieler fair wird.

12. Landwirte nutzen mehrere Vertriebswege, um ihre Erzeugnisse zu verkaufen. Der Kartoffelhof Dolgerts produziert Bio-Kartoffeln. Die Produktionskosten belaufen sich auf 0,72 € je kg Kartoffeln.
Auf dem nahen Bauernmarkt verkaufen die Dolgerts die Kartoffeln für 1,50 € je kg. Zusätzlich betreiben sie noch einen Kartoffel-Automaten, in dem sie Säcke mit 2,5 kg Kartoffeln für 3,00 € anbieten.
Was dann noch übrig bleibt, verkaufen die Dolgerts an die regionale Supermarktkette „Kauf hier!" für 0,85 € je kg.

a) Die Dolgerts verkaufen 25 % ihrer Ernte selbst auf dem Markt und weitere 30 % über den Automaten, den Rest an die regionalen Supermärkte. Ermittle die durchschnittlichen Einnahmen der Dolgerts pro kg Kratoffeln.

b) Gib an, mit welchem durchschnittlichen Gewinn je kg Kartoffeln die Dogerts rechnen können.

c) Da der Kartoffelautomat sich als wartungs- und somit kostenintensiv erweist, überlegen die Dolgerts nur noch auf dem Markt und an den Supermarkt zu verkaufen. Welchen Anteil ihrer Kartoffelernte können sie maximal über den Supermarkt umsetzen, wenn sie mindestens 0,35 € je kg verdienen wollen?

6.1 Oberflächeninhalt von Pyramide und Kegel

6.1.1 Pyramide – Netz und Oberflächeninhalt

1. Vervollständige die Pyramidennetze. Die farbige Fläche ist die Grundfläche.

a)

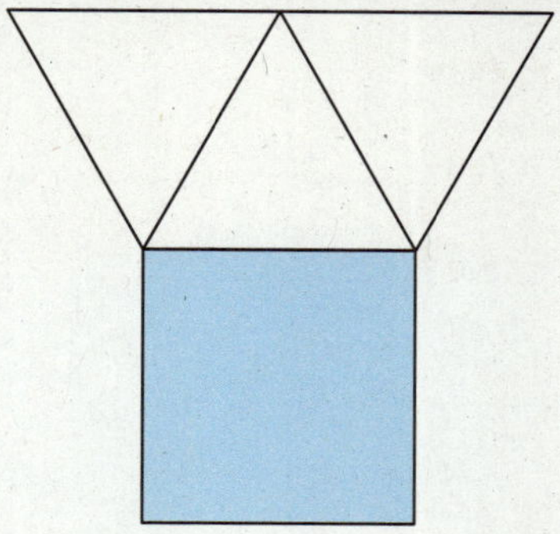

b)

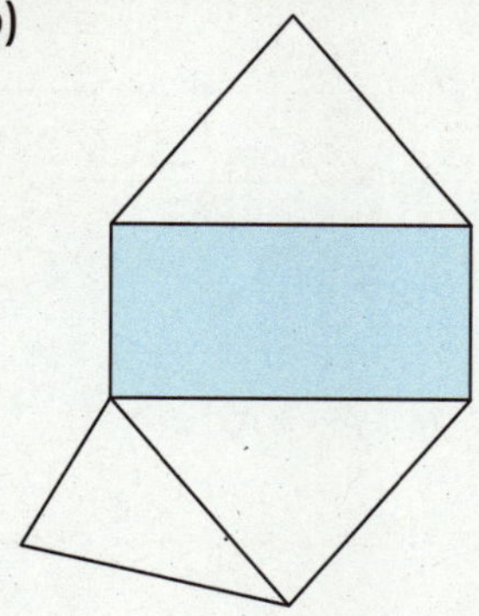

c)

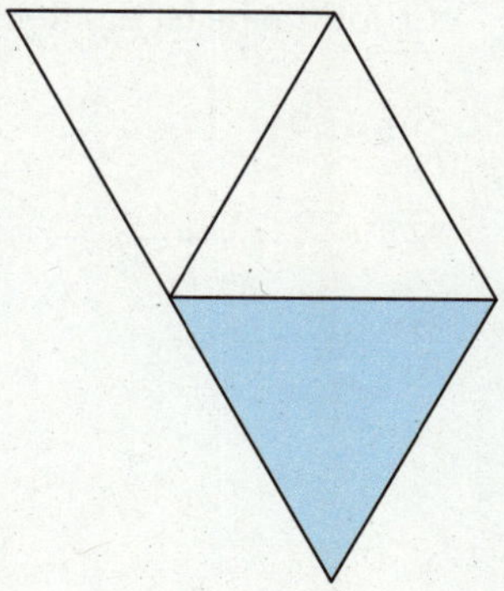

2. **a)** Färbe in den Netzen (1) und (2) die Grundfläche und die Mantelfläche mit verschiedenen Farben.

b) Wie viele Flächen, Kanten und Ecken hat die Pyramide?

Pyramide	**(1)**	**(2)**
Flächen		
Kanten		
Ecken		

(1)

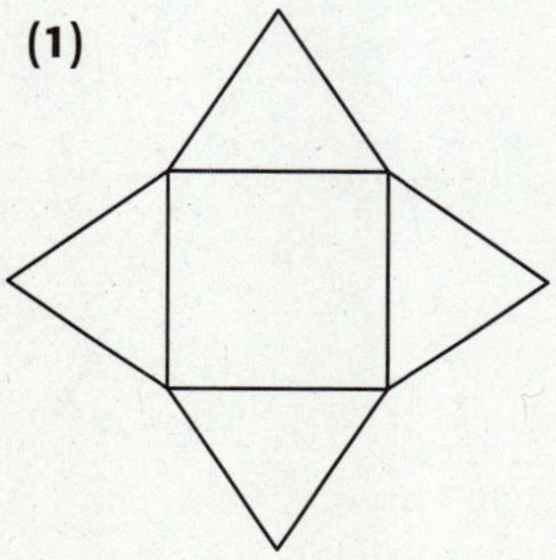

(2)

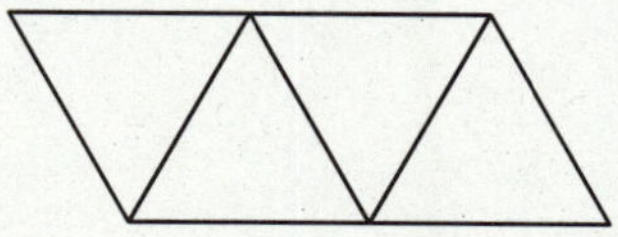

3. **a)** Zeichne das Netz der dargestellten Pyramide.
Entnimm alle notwendigen Maße dem Schrägbild.

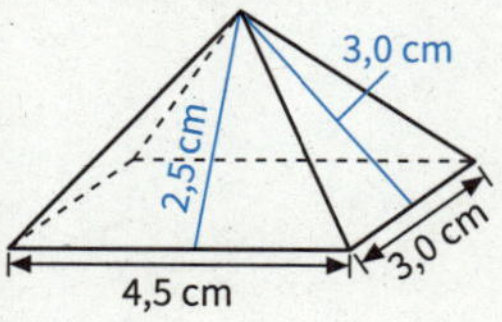

3. b) In der nachfolgenden Rechnung wurde der Oberflächeninhalt O der Pyramide bestimmt. Vervollständige alle Rechenschritte.

Flächeninhalt G der Grundfläche
Grundfläche ist ein Rechteck

$G = a \cdot b$

$G =$ ....

$G =$ .... cm^2

Flächeninhalt M der Mantelfläche
Die Mantelfläche besteht aus je zwei gleichgroßen Dreiecken.

$A_{D1} =$ ....

$A_{D1} = \frac{4{,}5\ cm \cdot 2{,}5\ cm}{2} \cdot 2$

$A_{D1} =$ .... cm^2

$A_{D2} = \frac{b \cdot h_b}{2}$

$A_{D2} =$ ....

$A_{D2} =$ .... cm^2

$M = A_{D1} + A_{D2} =$ .... cm^2

$O =$ .... cm^2

4. Vervollständige das Schrägbild der Pyramide mit rechteckiger Grundfläche.

a)

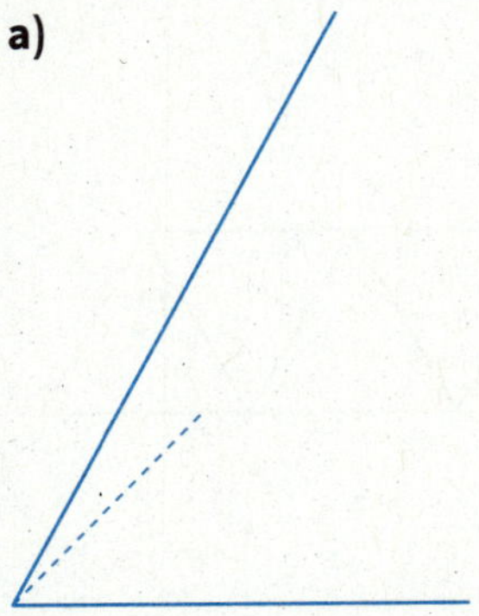

b)

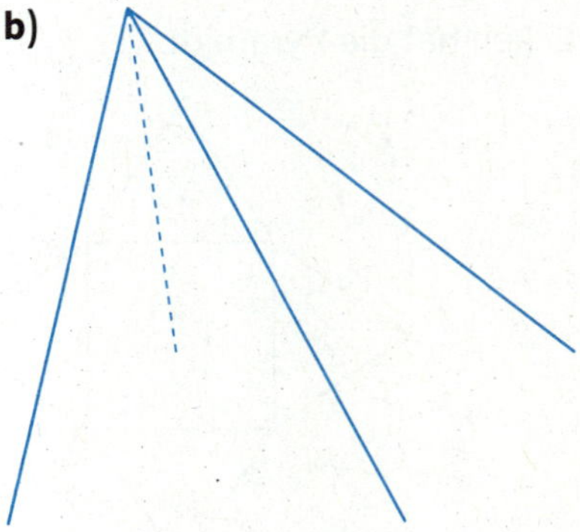

c)

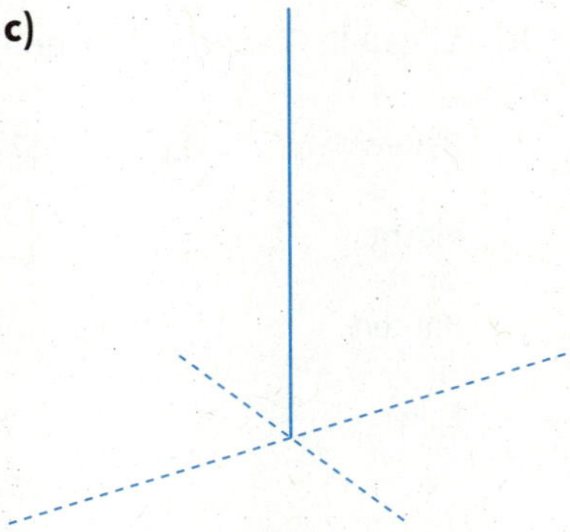

5. Zeichne das Schrägbild der Pyramide mit der dreieckigen Grundfläche. Entnimm alle Maße der Zeichnung. Die Höhe der Pyramide betrage 3,5 cm.

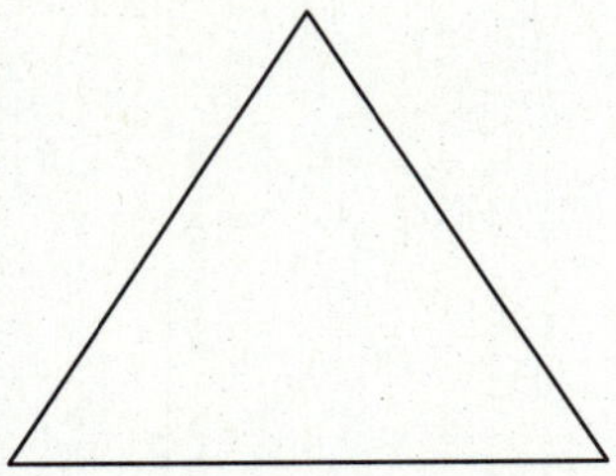

6. In der Abbildung siehst du das unvollständige Schrägbild einer Pyramide mit trapezförmiger Grundfläche und der Spitze S, die genau senkrecht über dem Schnittpunkt der Diagonalen des Trapezes liegt.
Vervollständige die Zeichnung und benenne alle Eckpunkte.
Ermittle die Höhe h der Pyramide.

h =

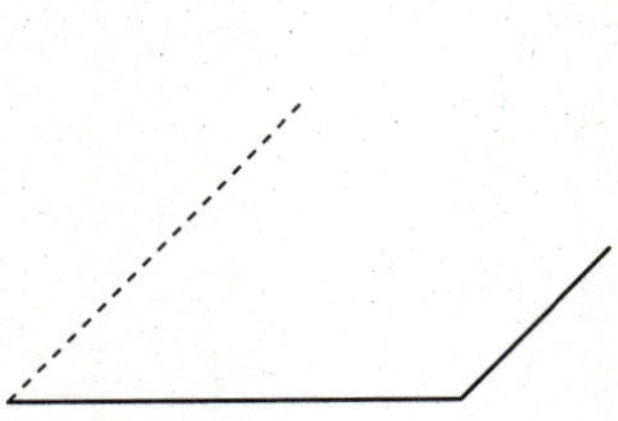

7. Berechne jeweils die fehlenden Größen der Pyramide mit quadratischer Grundfläche.

a) $a = 12\,cm$, $h = 8\,cm$

(1) Berechnung von h_a aus h und a:
Beschrifte das Dreieck passend und markiere das entsprechende Dreieck im Schrägbild rot.
Nach dem Satz des Pythagoras gilt:

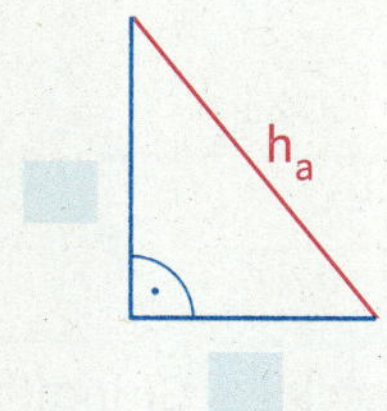

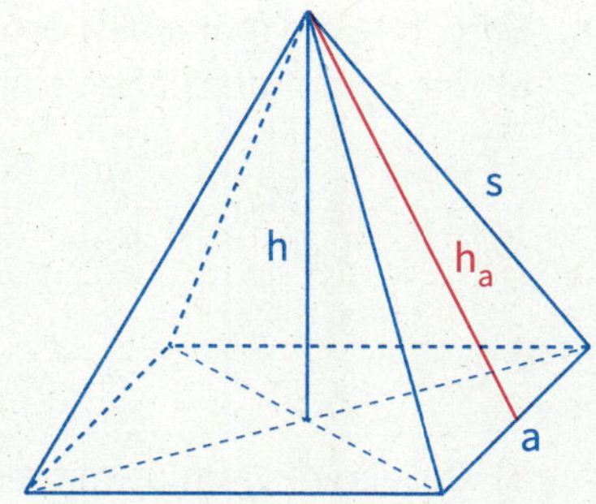

$h_a^2 = \square^2 + \square^2$

$h_a =$ ....

(2) Berechnung von s aus h_a und a:
Beschrifte das Dreieck passend und markiere das entsprechende Dreieck im Schrägbild grün.

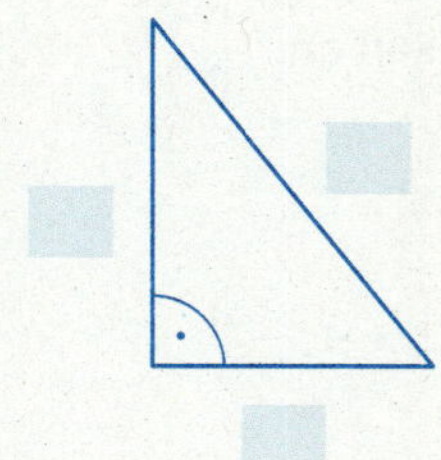

$s^2 =$ ....

$s =$ ....

(3) Berechnung des Oberflächeninhalts:

....

....

....

....

b) $a = 5\,cm$, $s = 10\,cm$

(1) Berechnung von h_a aus s und a:
Beschrifte das Dreieck passend und markiere das entsprechende Dreieck im Schrägbild rot.

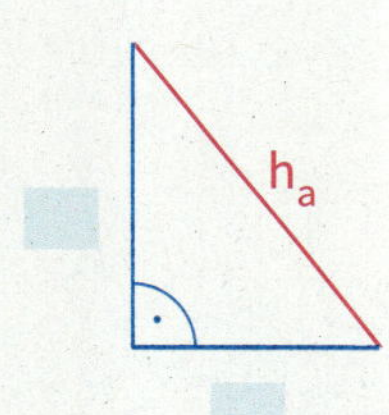

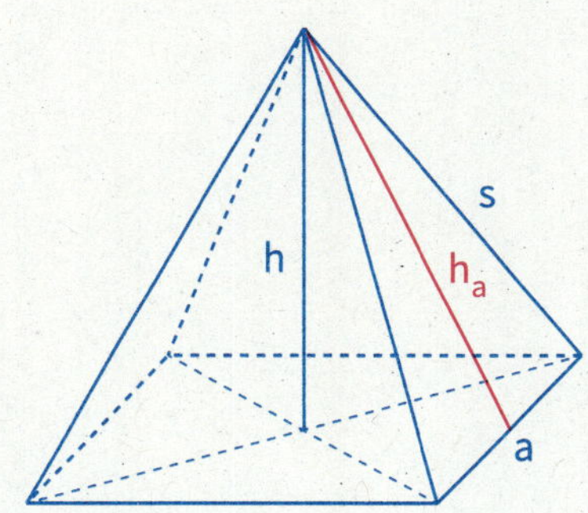

(2) Berechnung von h aus h_a und a:
Beschrifte das Dreieck passend und markiere das entsprechende Dreieck im Schrägbild grün.

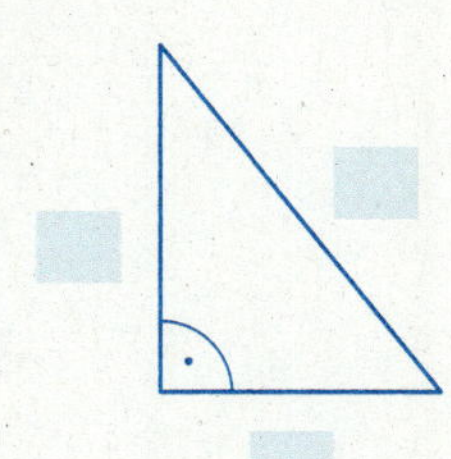

(3) Berechnung des Oberflächeninhalts:

8. Berechne die fehlenden Größen der Pyramiden.

a) Die Pyramiden haben eine quadratische Grundfläche. Gehe ähnlich vor wie bei Aufgabe 7.

	a	h	s	h_a	G	M	O
(1)	8 cm	12 cm					
(2)			7,5 m	6 m			
(3)				9 cm	1,21 dm^2		

b) Bei einer Pyramide mit rechteckiger Grundfläche ist $a = 18$ cm, $h_a = 24$ cm und $h_b = 16$ cm. Berechne (in der angegebenen Reihenfolge) s, b, h, G, M und O. Fertige jeweils auch beschriftete Skizzen von passenden Teildreiecken an.

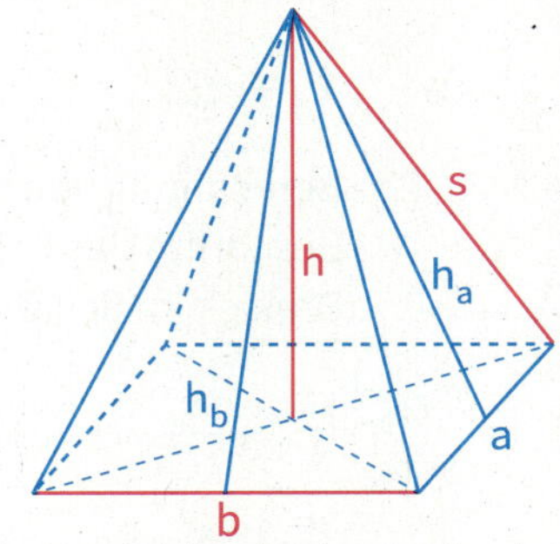

6.1.2 Kegel – Netz und Oberflächeninhalt

9. Aus welchen abgebildeten Netzen kann man einen Kegel herstellen? Kreuze an.

10. Ein Kegel hat eine Grundfläche mit einem Radius von 1,5 cm, die Höhe des Kegels beträgt 3 cm.

a) Markiere, falls möglich, sowohl im Schrägbild als auch im Netz die bekannten Längen rot.
(Hinweis: Die Abbildungen haben keine Originalmaße.)

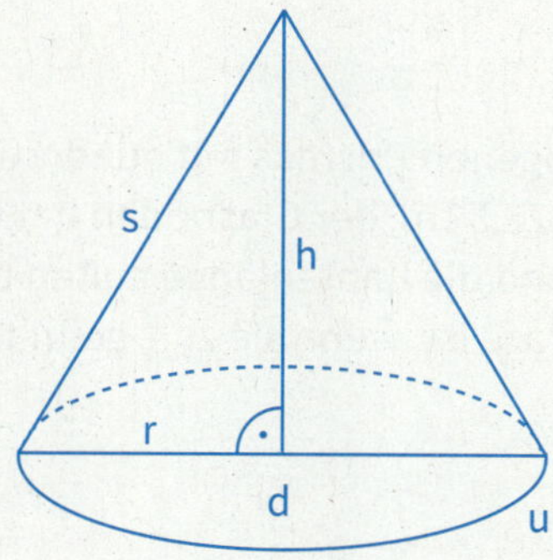

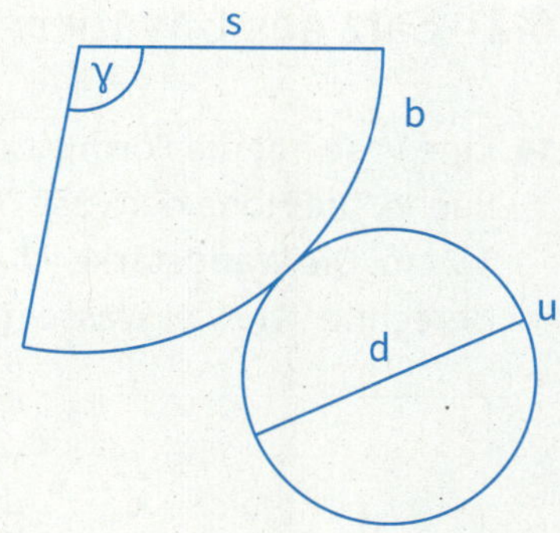

b) Berechne nun die restlichen Größen, die man benötigt, um ein Netz des Kegels zu zeichnen. Gehe dazu in den folgenden Schritten vor:

(1) Berechne die Mantellinie s. Markiere diese sowohl im Schrägbild als auch im Netz grün.
$s^2 = \square^2 + \square^2$ $s =$

(2) Berechne den Umfang u. Markiere diesen und die Bogenlänge b blau. Erkläre, warum $u = b$ gilt.

(3) Berechne den Winkel γ.

c) Zeichne das Netz des Kegels in Originalgröße.

6.2 Satz des Cavalieri

11. Eine Vase hat die Form eines gebogenen Prismas mit quadratischer Grundfläche. Die Höhe der Vase beträgt 22,5 cm, der Glasboden hat eine Dicke von 1,2 cm. Die Wandstärke ist 6 mm und die Kantenlänge außen beträgt 6,2 cm. Berechne, wie viel Wasser in der Vase ist, wenn sie zu $\frac{2}{3}$ gefüllt ist.

6.3. Volumen von Pyramide und Kegel

6.3.1 Volumen der Pyramide

12. Wie groß ist jeweils das Volumen der abgebildeten Pyramiden? Verbinde passende Paare. Achtung: Jeweils ein Kärtchen bleibt übrig.

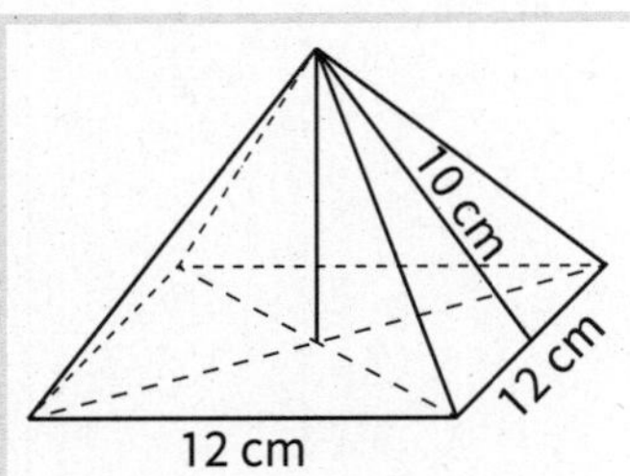

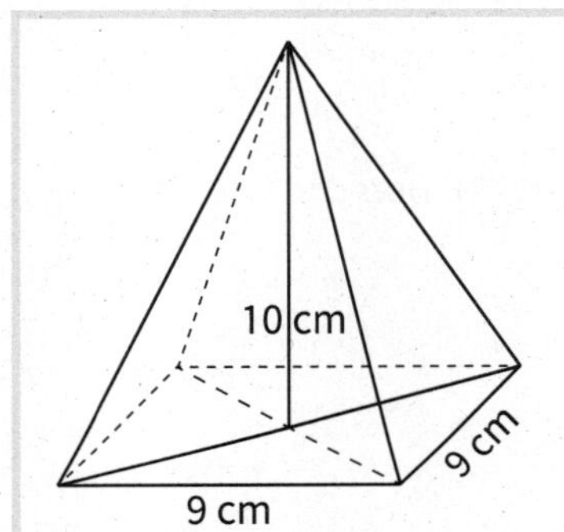

200 cm³

270 cm³

325 cm³

40 cm³

77 cm³

96 cm³

384 cm³

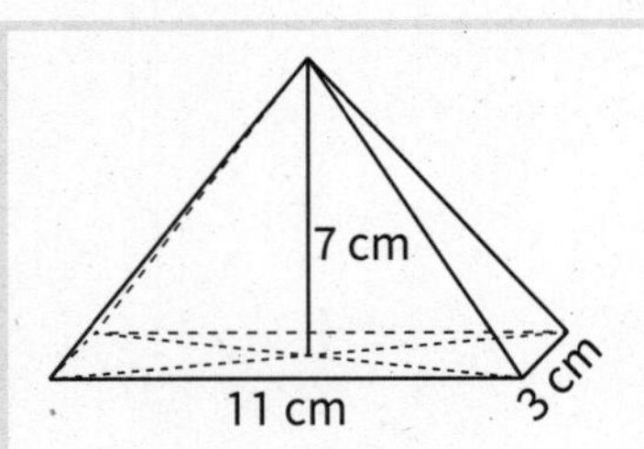

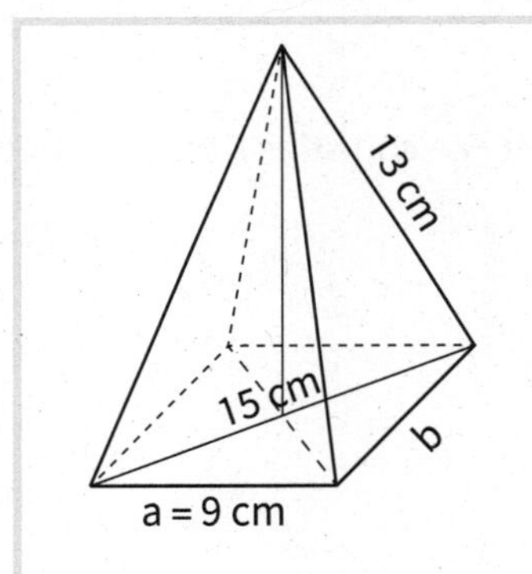

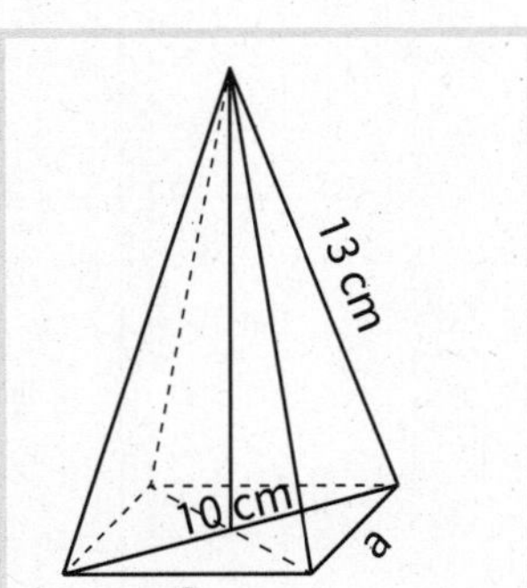

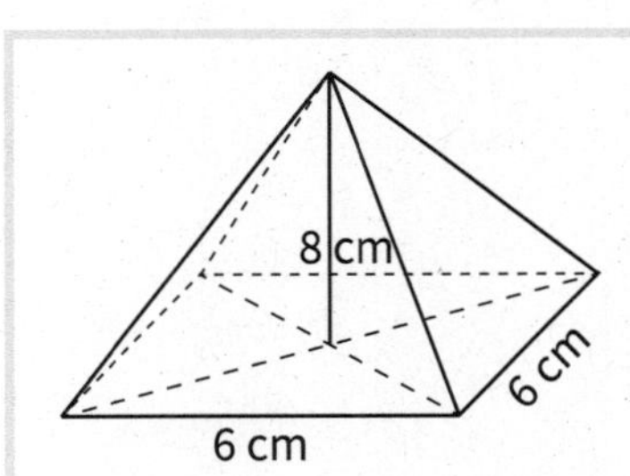

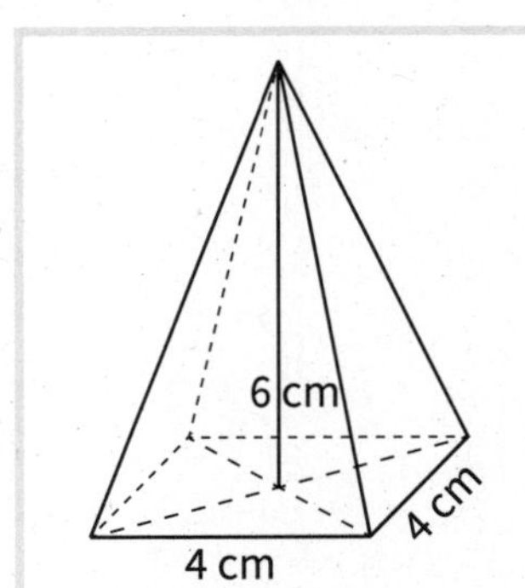

13. Auf dem Bastelbogen in der Heftmitte findest du Kästchen mit Satzteilen. Je zwei Satzteile bilden gemeinsam eine wahre Aussage, die sich auf das Volumen einer quadratischen Pyramide bezieht. Schneide die Kästchen aus und klebe sie hier passend auf.

14.

Ulm – Das war schon ein etwas gewöhnungsbedürftiger Anblick, als plötzlich neben dem alten Rathaus auf dem Marktplatz in Ulm eine 35 Meter hohe gläserne Pyramide auftauchte. Die 2004 fertiggestellte Stadtbibliothek ist nicht jedermanns Sache gewesen und bot Stoff für viele Diskussionen. Doch inzwischen ist das vom einzigen deutschen Pritzker-Preisträger, dem Architekten Gottfried Böhm, konzipierte Gebäude aus dem Stadtbild kaum mehr wegzudenken.

a) Fertige eine Skizze für das Gebäude an und ermittle Schätzwerte für seine Abmessungen.

b) Berechne damit die Größe der Glasfläche.

c) Berechne den Bruttorauminhalt des Gebäudes, also sein Volumen.

6.3.2 Volumen eines Kegels

15. Ergänze die fehlenden Maße. Berechne dann das Volumen.

a)

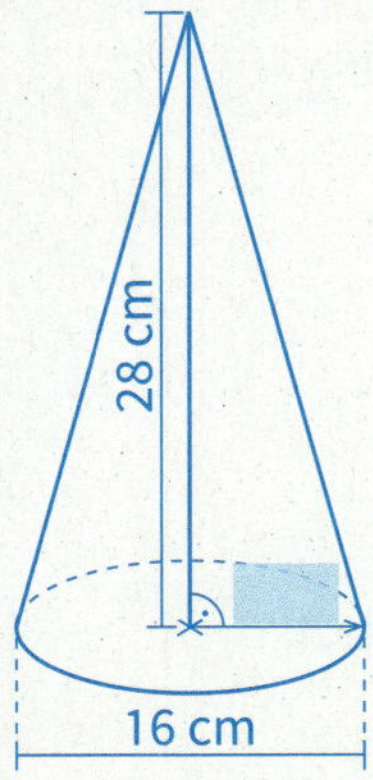

b)

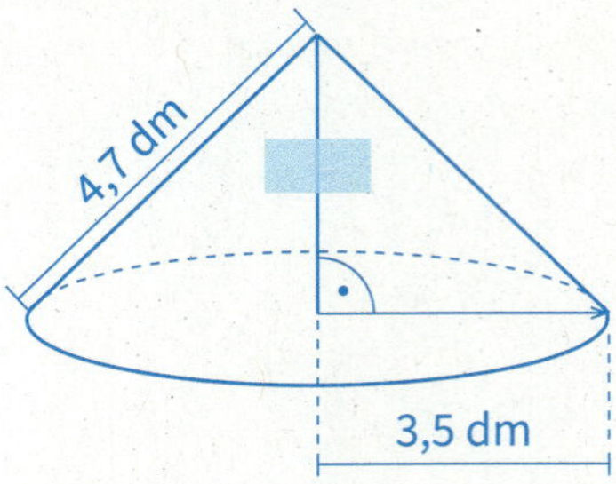

c)

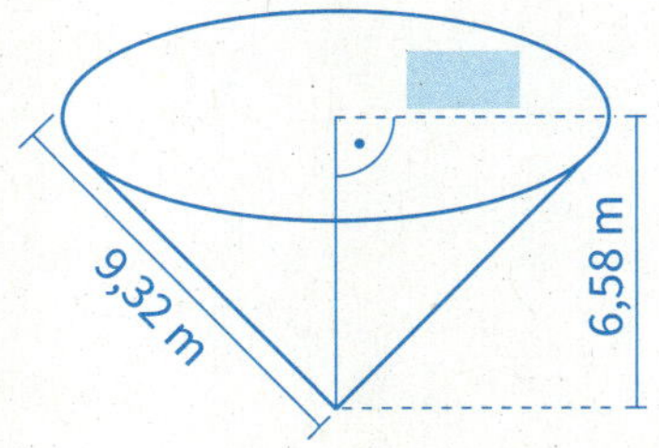

16. Wann ist ein Sektglas halb voll? Ist es dann bis zur halben Höhe gefüllt oder mit dem halben Volumen an Sekt? Vergleiche mithilfe der Teilaufgaben a) und b) die beiden Möglichkeiten.

a) Berechne, wie viel Sekt in das abgebildete Glas insgesamt passt. Wie viel Sekt enthält das Glas, wenn es bis zur halben Höhe gefüllt ist?

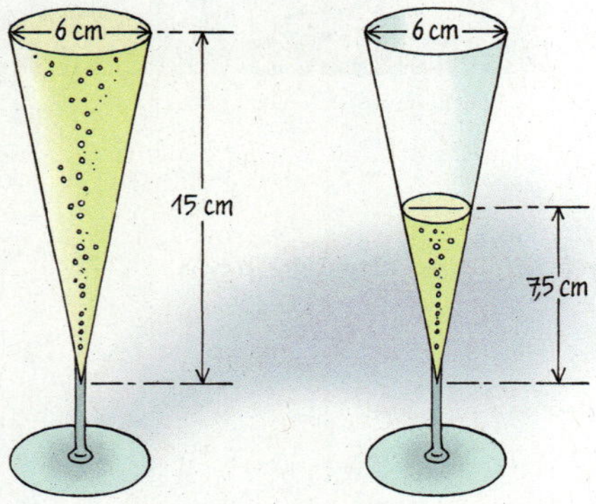

b) Wie hoch steht der Sekt im Glas, wenn halb so viel Sekt enthalten ist wie im vollen Glas? Berechne und ergänze in der Zeichnung.

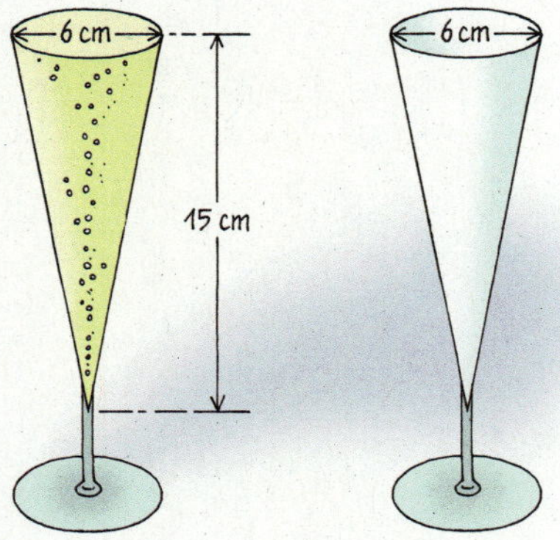

6.4 Kugel

6.4.1 Volumen der Kugel

17. Oft werden sogenannte Gaskugeln als Gasspeicher genutzt. Die Fertigung der mehrfach gekrümmten Behälterelemente ist zwar aufwendig, dafür bietet die Kugelform aber eine hohe Stabilität, da sich Spannungen, die aus der Druckdifferenz zwischen Innenraum und Umgebung entstehen, gleichmäßig auf die Behälterwand verteilen. Dies erlaubt relativ geringe Wanddicken.
In der Stadt Konstanz gibt es eine solche Gaskugel, deren Fassungsvermögen 10 000 m^3 beträgt.
Berechne Durchmesser und Umfang der Kugel.

18. Welche Antwort ist richtig? Finde zunächst eine falsche heraus und streiche sie durch. Rechne dann und entschiede, welche Antwort richtig ist.

a) 2 000 kleine Bleikugeln mit einem Durchmesser von 2 mm sollen zu einer großen Kugel verschmolzen werden. Wie groß ist der Durchmesser dieser Kugel?

- ☐ 4 000 mm
- ☐ 12,6 mm
- ☐ 25,2 mm

b) Aus fünf Messingwürfeln mit einer Kantenlänge von 2 cm soll eine einzige Kugel gegossen werden. Wie groß ist der Radius dieser Kugel?

- ☐ 2,12 cm
- ☐ 1,34 cm
- ☐ 40 cm

c) Ein zylinderförmiges Gefäß mit dem Durchmesser 10 cm ist 20 cm hoch mit Wasser gefüllt. In das Gefäß wird eine Metallkugel mit einem Durchmesser von 8 cm gelegt. Wie hoch steht das Wasser nun?

- ☐ 28 cm
- ☐ 23,4 cm
- ☐ 20,9 cm

6.4.2 Oberflächeninhalt der Kugel

19.

LA GÉODE
ist ein besonderes Kino im Parc de la Villette in Paris. Das Gebäude ist eine riesige Stahlkugel mit einem Durchmesser von 36 m. Auf ihrer Oberfläche spiegeln sich die Stadt, der Himmel und der Park wieder. Das Kino verfügt über 400 Plätze und eine halbkugelförmige Leinwand mit einer Fläche von 1000 m².

a) Berechne die Größe der Oberfläche der ganzen Kugel.

b) Bestimme den Radius der halbkugelförmigen Leinwand innen.

20. Berechne die jeweils fehlenden Größen.

a) 

Fußball
Durchmesser:
Umfang: mindestens 60 cm und höchstens 70 cm
Volumen:
Oberflächeninhalt:

b) 

Tennisball
Durchmesser:
Umfang: 21 cm
Volumen:
Oberflächeninhalt:

c) 

Basketball
Durchmesser:
Umfang:
Volumen: 7 058,78 cm³
Oberflächeninhalt:

d) 

Hallenhockeyball
mit 26 Löchern mit dem Durchmesser von je 1 cm
Radius: 3,5 cm
Umfang:
Volumen:
Oberflächeninhalt:

21. Der Berliner Fernsehturm hat in etwa 200 m Höhe eine Kugel, in der neben technischen Ausrüstungen auch ein Café untergebracht ist.
Die Kugel hat einen Durchmesser von 32 m. Auf der Höhe des Telecafés beträgt der Innendurchmesser 29 m. Das Cafe dreht sich in einer Stunde um 360°.

a) Welchen Weg legt ein Besucher in 90 min zurück, der am Fenster des Cafés sitzt? Gehe zur Vereinfachung davon aus, dass sich das Café auf Höhe des Mittelpunkts der Kugel befindet.

b) Berechne den Oberflächeninhalt der Außenhülle der Kugel. Vernachlässige die Ausspannung für die Fenster, dem Antennenaufbau sowie den zylinderförmigen Turm.

6.5 Vermischte Übungen

22. Die zusammengesetzten Körper 1 und 2 mit den abgebildeten Maßen wurden aus dem gleichen Material hergestellt.
Welche der folgenden Aussagen sind wahr, welche falsch?
Löse die Aufgabe ohne zu rechnen.

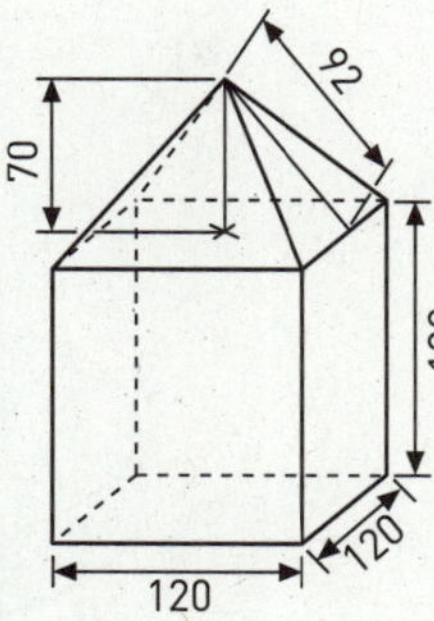

Körper 1 mit V_1; G_1; O_1 und M_1

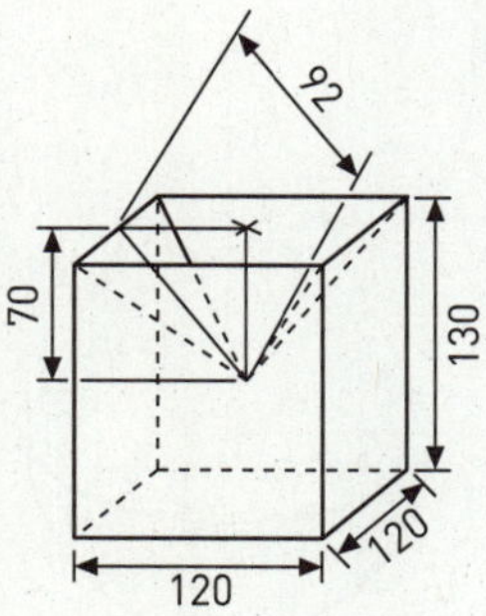

Körper 2 mit V_2; G_2; O_2 und M_2

		wahr	falsch
a)	$V_1 = V_2$		
b)	$V_1 > V_2$		
c)	$G_1 = G_2$		

		wahr	falsch
d)	$M_1 < M_2$		
e)	$O_1 = O_2$		
f)	$O_1 > O_2$		

		wahr	falsch
g)	$G_1 > G_2$		
h)	$M_1 > M_2$		
i)	$V_1 < V_2$		

23. Der Gartenpavillon Modell „Betty“ hat ein regelmäßiges Sechseck als Grundfläche.

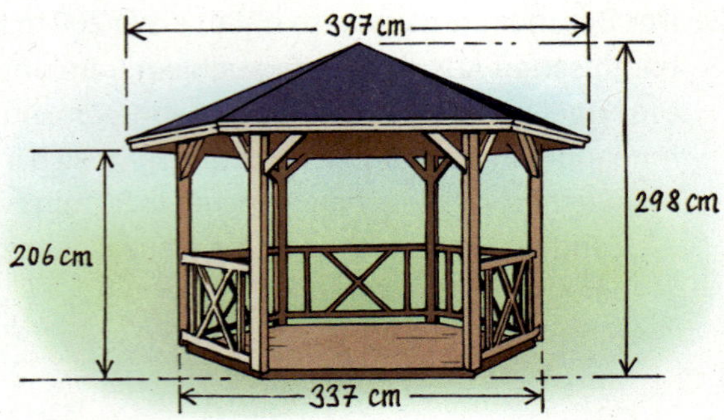

a) Berechne die Größe der Grundfläche. Fertige dazu zunächst eine passende beschriftete Zeichnung der Grundfläche an, in die du auch die gegebenen Abmessungen einträgst.

b) Bei Gebäuden gibt man den umbauten Raum, also das Volumen an. Berechne es für den Pavillon.

c) Die Dachfläche des Pavillons soll mit Dachpappe ausgelegt werden. Berechne die Größe der Dachfläche.

24. Berechne das Volumen und den Oberflächeninhalt der abgebildeten Körper.

a)

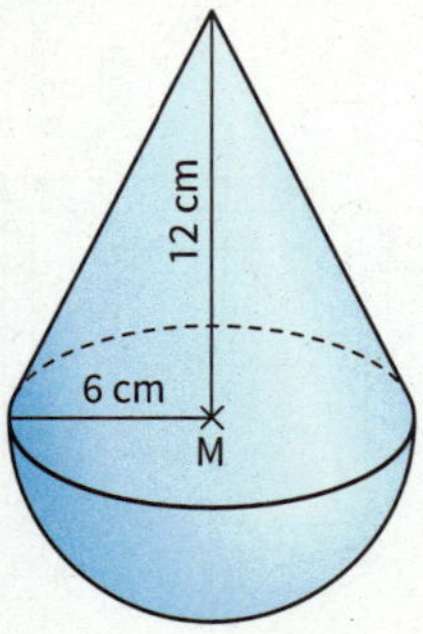

b)

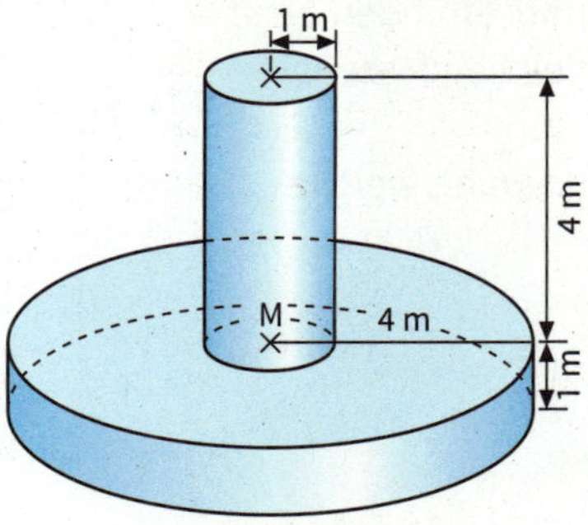

westermann

FiNALE Prüfungstraining

Bayern

Realschulabschluss 2023

Deutsch

Lösungen

Julia Arnold
Tina Feyler
Herbert Hieke
Anja Templer

Lösungsheft zu 978-3-7426-2346-1

B Grundlegende Arbeitstechniken

B 1 Lesestrategien anwenden

Seite 12
Erster Schritt
1 – 3 individuelle Lösungen

4 Der Sprengkörper und der Zünder sind zuerst genau zu analysieren, damit anschließend die Entscheidung getroffen werden kann, ob eine Entschärfung möglich oder eine Sprengung vor Ort notwendig ist.

5 Reportage

Zweiter Schritt
2 Abschnitt 1: Z. 1 – 12; Einleitung: Vorstellung der Sprengmeisterin
Abschnitt 2: Z. 13 – 23; Vorbereitung einer Entschärfung
Abschnitt 3: Z. 24 – 33; Probleme, die bei Entschärfungen auftreten können
Abschnitt 4: Z. 34 – 55; Weg zum Beruf der Sprengmeisterin
Abschnitt 5: Z. 56 – 63; Vorgehensweise bei einer Entschärfung
Abschnitt 6: Z. 64 – 70; Entschärfung mehrerer Sprengkörper an einem Fundort (in Hof)

3 Es wird die anspruchsvolle und gefährliche Tätigkeit beschrieben, die der Beruf der Sprengmeisterin / des Sprengmeisters beim Entschärfen von nicht explodierten Sprengkörpern aus dem Zweiten Weltkrieg mit sich bringt.

4 Es wird die berufliche Tätigkeit einer Frau als Sprengmeisterin vorgestellt, die ansonsten fast ausschließlich Männer ausüben.

Seite 13
5 Der Schluss ist offen, weil Bettina Jurga in ihrem Beruf weiterarbeitet und die bisher bewältigten Gefahren bei jeder neuen Entschärfung wieder auftreten. Die entstandene Routine ist aber wichtig, weil damit das Risiko der Tätigkeit gesenkt wird.

Dritter Schritt
1 Sie ist als kurzer Aussagesatz formuliert. Die Attribute „einzige weibliche“ sollen das Interesse des Lesers für die ungewöhnliche Tätigkeit Bettina Jurgas wecken.

2
- Fachbegriffe (Nomen): „Blindgänger“ (Z. 22), Evakuierungsradius (Z. 21)
- Fachbegriffe (Verben): „detonierten“ (Z. 4), „verstaucht“ (Z. 67)
- Metaphern: „[e]inen Treffer landete“ (Z. 40 f.)

3
- zahlreiche aussagekräftige Satzgefüge: „Die 41-Jährige entschärft zusammen im Team mit ihren Kollegen im Auftrag des Freistaates alte Fliegerbomben, Minen sowie Granaten, die nicht detonierten und bis heute unentdeckt im Erdreich liegen.“ (Z. 2 ff.)
- Ellipsen: „Angst?“ (Z. 25), „Heißt:“ (Z. 30)

4
- häufig verwendete wörtliche Rede: „‚Meine Mama denkt an mich, wenn ich einen Einsatz habe‘, sagt die 41-Jährige.“ (Z. 13 f.)
- Abwechslung zwischen wörtlicher und indirekter Rede: „‚Nein. Ich habe keine Angst. Ich habe Respekt vor der Bombe‘, stellt sie richtig. Angst sei kein guter Ratgeber bei einer so heiklen Arbeit.“ (Z. 25 f.)
- umgangssprachliche Ausdrucksweise bei direkter Rede: „Blöd ist es, wenn sie verstaucht sind“. (Z. 29 f.)
- fingierte Fragen (bei denen der Fragesteller nicht zu Wort kommt): „Wie sie zu diesem ausgefallenen Beruf kam?“ (Z. 35 f.) „Ihre heikelste Mission?“ (Z. 65)

5 Der Leser soll sich in die Lage der Sprengmeisterin sowie die Situation bei einer Entschärfung hineinversetzen können und dabei genau und unmittelbar informiert werden. Deshalb kommt die Sprengmeisterin als beteiligte Person oft direkt zu Wort.

Seite 14
Vierter Schritt
1 Es geht darum, dass nach mehr als 75 Jahren weiterhin gefährliche Sprengkörper aus dem Zweiten Weltkrieg im Boden vor allem der größeren Städte liegen und immer noch eine große Bedrohung darstellen.

2 Gerade in letzter Zeit gibt es in den Medien zahlreiche Meldungen, dass bei Baumaßnahmen in bayerischen Großstädten immer wieder gefährliche Relikte aus dem Zweiten Weltkrieg entdeckt werden.

3 Er weist darauf hin, dass bei dieser Tätigkeit Teamarbeit, Ruhe und besonnenes Vorgehen von allergrößter Bedeutung sind. Diese Fähigkeiten sind in fast allen Bereichen des Lebens wichtig.

4 Er möchte einen weniger bekannten Beruf vorstellen und darauf hinweisen, wie bedeutend dieser für die Gesellschaft in heutiger Zeit immer noch ist.
(Antwort auf die zweite Frage: individuelle Lösung)

5
a) Durch die Ausbildung in der Dresdner Sprengschule soll die Routine vermittelt werden, die benötigt wird, damit die Beseitigung von Kampfmitteln so gefahrlos wie möglich durchgeführt werden kann.
b) Welche Voraussetzungen müssen die Auszubildenden mitbringen? Wie sieht die Ausbildung zu diesen Berufen aus? Wie lange dauert die Ausbildung? Welche weiteren Qualifikationsstufen sind möglich?
c) Man erwirbt die praktischen und sicherheitstechnischen Fähigkeiten, die der Kampfmittelräumarbeiter/Sondierer benötigt, damit er unter fachtechnischer Aufsicht an der Beseitigung von Kampfmitteln mitarbeiten kann.

d) Nach dem Besuch dieses Lehrgangs gehört der Teilnehmer zum fachtechnischen Aufsichtspersonal. Er darf alle Arbeiten selbstständig durchführen mit Ausnahme von Kampfmitteltransport und -vernichtung.
e) Der Text wurde von Günter Fricke von der „Dresdner Sprengschule" verfasst. Er soll das Interesse an einer Ausbildung bei dieser Firma wecken, die mit ihrer Tätigkeit Geld verdienen möchte.

B 2 Schreibaufgaben verstehen

Seite 15

1 Das erste Argument für diese Berufswahl lautet: Es handelt sich um eine interessante, abwechslungsreiche Tätigkeit.
Das zweite Argument lautet: Es gibt in diesem Berufsfeld gute Verdienstmöglichkeiten.
Das erste Argument gegen diese Berufswahl lautet: Die Fundstücke, die beseitigt werden müssen, sind meist sehr gefährlich.
Das zweite Argument lautet: Es gibt nicht viele Arbeitsplätze in diesem Bereich.

2–**5** individuelle Lösungen

B 3 Schaubilder verstehen und auswerten

Seite 16

Schaubild A:

1 Thema: Treibhausgasausstoß durch verschiedene Verkehrsmittel in Deutschland
Vergleiche zwischen: Flugzeug, Pkw, Eisenbahn und Bussen bezüglich der Treibhausgasbelastung in Gramm pro Person und Kilometer

2 Das Schaubild zeigt, dass Flugverkehr und Pkw-Nutzung am klimaschädlichsten sind, während Eisenbahn und Busse umweltfreundlichere Verkehrsmittel sind.

Schaubild B:

1 Thema 1: Die Produktion von Verpackungsmüll in Deutschland pro Kopf
Thema 2: Wiederverwertung der Kunststoffverpackungen in Deutschland im Jahr 2016

Seite 17

2 Information 1: Seit 1991 ist die Gesamtmenge des pro Kopf produzierten Verpackungsmülls stark angestiegen: 1991 betrug die Menge 192,3 kg, 2016 schon 220,5 kg.
Information 2: Dieser Verpackungsmüll besteht hauptsächlich aus Glas, Papier, Kunststoff und Weißblech.

3 Information 1: Kunststoffverpackungen können zum großen Teil wiederverwertet werden.
Information 2: Es gibt zwei Arten der Wiederverwertung: als Brennstoff in Müllverbrennungsanlagen, Zement- und Kraftwerken und als Grundstoffe für neue Produkte.

Schaubild C:

1 Das untere Schaubild zeigt: In den Bereichen, in denen am meisten Energie verbraucht wird, gibt es die besten Einsparmöglichkeiten.

2 Bei der Verbrennung fossiler Energien werden Schadstoffe freigesetzt. Je geringer der Verbrauch ist, desto stärker wird die Umwelt geschützt.

Schaubild D (Karikatur):

1 Die Bettdecke bedeutet eine schwere Belastung für die Menschheit und den Planeten Erde. Sie besteht aus dem Rohstoff- und Energiebedarf der Industrie und den klimaschädlichen Gewohnheiten der Menschen. In beiden Bereichen sind Verbesserungen sehr schwierig.

2 Jeder Einzelne muss auf unnötigen Konsum verzichten, umweltfreundlichere, energiesparendere Produkte verwenden sowie umweltbelastende Gewohnheiten verändern, z. B. beim Heizen und im Straßenverkehr.

B 4 Sich angemessen ausdrücken

Seite 18

1 a) sobald, sofern, insofern, falls, damit, sodass, nachdem, obwohl, solange, indem ...
zudem, außerdem, sowohl ... als auch, ebenso, ebenfalls, weiter, weiterhin, zusätzlich, ferner, sowie, zuerst, als Nächstes, darüber hinaus ...
b) dazu kommt, außerdem kann man feststellen, zusätzlich muss man bedenken, darüber hinaus wäre noch zu erwähnen, zusätzlich gilt, festgehalten werden muss zudem ...

Seite 19

2 a) Wird beim beim Entkalken eines Topfes Essig statt aggressiver chemischer Mittel verwendet, ist das eine gute Maßnahme.
b) Will man einen Topf entkalken, wäre es sinnvoll, Essig statt aggressiver chemischer Mittel zu verwenden.
c) Die Verwendung von Essig statt aggressiver chemischer Mittel bei der Entkalkung eines Topfes trägt zum Schutz der Umwelt bei.

3 individuelle Lösungen
Beispiele: ... besteht die Gefahr ..., ... können auftreten, wenn ..., ... ist es möglich, dass ...

Seite 20

4 Die Müllvermeidung ist zudem ein wichtiger Beitrag zum Umweltschutz. In dem Schaubild auf Seite 16 lässt sich erkennen, dass die Menge an Verpackungsmüll, die in Deutschland pro Kopf und Jahr anfällt, sich in den letzten Jahren stark vergrößert hat. Diese Art des Abfalls besteht zumeist aus Papier, Kunststoff, Glas und Weißblech. Am wenigsten problematisch erscheint dabei die Entsorgung des Altpapiers. Deshalb ist es sinnvoll, beim Kauf von Lebensmitteln darauf zu achten, dass die Verpackungen nicht aus schlecht wiederverwendbarem Plastik gefertigt sind.

Der Metzger wickelt beispielsweise seine Wurstwaren in Papier ein, das nach der Benutzung gut recycelt werden kann. Die Verpackungsverordnung schreibt Recyclingquoten von 75 % bei Glas sowie 70 % bei Papier und Karton vor.

5 Neben der Müllvermeidung trägt die richtige Entsorgung zum Umweltschutz bei. Eine wichtige Maßnahme ist es, den Müll zu trennen, damit Wiederverwertbares aufgearbeitet werden kann und nur der Rest in der Verbrennung landet. Ob zu Hause oder am Arbeitsplatz: Überall sind Behälter zu finden, die dabei helfen, Rohstoffe zu recyceln. Vor allem Papier- und Glascontainer gibt es in großer Menge. Wer dort die entsprechenden Abfälle entsorgt, stellt sicher, dass sie wiederverwendet und nicht verbrannt werden. Außerdem existiert ja nicht nur in Nürnberg für den restlichen Verpackungsmüll der Gelbe Sack. Kunststoffverpackungen, Styropor und Folien können ebenso eingeworfen werden wie Blechdosen und Aluminium. Das Auswaschen ist nicht nötig.

6 Auch für die Reinhaltung der Luft können die privaten Haushalte einen wichtigen Beitrag leisten. In dem Schaubild auf Seite 17 ist zu erkennen, dass 71 % der Energie, die eine Familie zu Hause verbraucht, für die Heizung benötigt werden. Meist sind moderne Heizungsanlagen deutlich sparsamer als ältere Systeme, sodass sich die Kosten für den Austausch eines zwanzig Jahre alten Heizkessels schon nach kurzer Zeit wieder ausgleichen. Auch die richtige Raumtemperatur spielt eine wichtige Rolle. 20 °C sind in den meisten Zimmern ausreichend. Jedes Grad weniger spart etwa 6 % Heizenergie. Wenn sich eine vierköpfige Familie an diese Empfehlung hält, bedeutet das für sie durchschnittlich eine jährliche Ersparnis von 80 Euro, was zugleich einen großen Vorteil für das Haushaltsbudget darstellt.

B 5 Aussagen mit Textstellen belegen

Seite 21

1 a) Vor der Entschärfung nimmt sich das Team vier Minuten Zeit, um zur Ruhe zu kommen. In dieser Phase, in der sich keine anderen Menschen mehr in der Umgebung aufhalten, kommunizieren die Teammitglieder mit den Familien und konzentrieren sich voll und ganz auf die bevorstehende Aufgabe (vgl. Z. 15 ff.).

b) Nachdem sie die erste Qualifikationsstufe an der Dresdner Sprengschule erworben hatte, bekam sie nach zahlreichen Bewerbungen ein Stellenangebot von einer in diesem Bereich tätigen Firma in Feucht (vgl. Z. 38 ff.).

Seite 23

2 b) Fehler: Der einleitende Satz hat keinen Bezug zum Zitat und das Zitat erstreckt sich über zwei Zeilen.
korrekt: Warum Bettina Jurga in ihrem Beruf eine Sondereinstellung innehat, erklärt der Verfasser so: „Sie ist in Bayern die einzige Frau, die sich an explosive Blindgänger aus den Weltkriegen heranwagt." (Z. 1 f.)

c) Fehler: Die Verkürzung des Zitats wurde nicht gekennzeichnet.
korrekt: „Rund 80 [...] alte Sprengkörper hat Bettina Jurga während der Ausbildung im Team schon entschärft." (Z. 34 f.)

d) Fehler: Das ist keine sinngemäße Wiedergabe des Inhalts, sondern ein wörtliches Zitat.
korrekt: Schließlich beschreibt der Verfasser ihren weiteren Werdegang: „Zweieinhalb Jahre später absolvierte sie noch eine Ausbildung in Bad Marienberg. Jurga wurde Truppführerin. Schließlich brachte sie ein dritter Lehrgang ans Ziel." (Z. 46 ff.)

3 individuelle Lösung

B 6 Eigene Texte überarbeiten

Seite 25

1 individuelle Lösung
Beispiel: Nach einer Statistik der Bundesagentur für Arbeit hatten im Dezember des letzten Jahres mehr als fünf Prozent der Jugendlichen unter zwanzig Jahren keine Arbeitsstelle. Ich frage mich, welche Probleme sich aus dieser Situation ergeben.
Fehler: Die Überleitung zwischen dem Einleitungsgedanken und der Themafrage fehlt.
Verbesserung: Da ich selbst die 10. Klasse einer Realschule besuche und noch keine Lehrstelle habe, ist es notwendig, sich Gedanken zu machen, welche ...
(Unterstrichene Textstellen müssen verbessert werden.)
Zuerst sind die Probleme zu nennen, die den betroffenen Jugendlichen selbst betreffen, wenn er keine Möglichkeit hat, auf die Arbeit zu gehen. Er verdient kein Geld. Er ist auf die finanzielle Unterstützung der Eltern angewiesen.
Er löst dieses Problem dadurch, dass er mal wieder auf die Schule geht. Für einen Realschulabgänger bietet sich die FOS an, doch muss er hier für die Aufnahme einen Notendurchschnitt von 3,33 in den Fächern Deutsch, Englisch und Mathematik im Abschlusszeugnis erreicht haben. Außerdem ist hier die Gefahr des Scheiterns groß, da die gestellten Ansprüche höher sind.
Um nicht untätig zu Hause rumzusitzen, nehmen viele Jugendliche Jobs an, für die man keine besondere Ausbildung braucht. Meist sind das Hilfsarbeitertätigkeiten zum Beispiel in Lebensmittelmärkten. Diese verlieren aber, wenn es zu Entlassungen im Betrieb kommt, zuerst die Arbeitsstelle, weil fast jeder die geforderten Tätigkeiten ausüben kann.
Arbeitslose Jugendliche werden kriminell. Für viele Jugendliche ist es heutzutage selbstverständlich, ein Smartphone zu besitzen, Playstation und MP3-Player anzuschaffen und den leistungsfähigsten Computer oder Laptop zu kaufen. Dazu will man auch auf die jährliche Urlaubsreise nicht verzichten. Gerade diese Dinge aber kosten eine Menge Geld und übersteigen möglicherweise die finanziellen Möglichkeiten eines Arbeitslosen, der sich diese Sachen dann vielleicht illegal beschafft.

2 individuelle Lösung

3 individuelle Lösung

C Die Erörterung

C 2 Schritt für Schritt zur Erörterung

Seite 28

1 a) Schlüsselbegriffe: Ursache, Bewegungsmangel
Einschränkung: Kinder und Jugendliche
b) Schlüsselbegriffe: Instagram, soziale Medien, öffentlich darstellen, Nachteile
Einschränkung: viele Jugendliche
c) Schlüsselbegriffe: vegane Ernährung, verzichten auf tierische Lebensmittel, kritisch sehen
Einschränkung: immer mehr Menschen

2 zu a) ☒ eingliedrig; das muss ich erörtern:
- Ursachen, warum Kinder und Jugendliche sich zu wenig bewegen

zu b) ☒ zweigliedrig; das muss ich erörtern:
- Gründe, warum sich Jugendliche gerne im Internet darstellen
- mögliche Nachteile, die sich aus diesem Verhalten ergeben

zu c) ☒ zweigliedrig; das muss ich erörtern:
- Gründe für vegane Ernährung
- mögliche Kritikpunkte an dieser Ernährungsweise

Seite 30

3 a) „Erörtere, welche <u>Gründe</u> für ein <u>nachhaltiges Verhalten</u> der Menschen sprechen. Zeige zudem Maßnahmen auf, wie Nachhaltigkeit im Alltag umgesetzt werden kann."
b) Diese Erörterung ist mehrgliedrig, weil ich sowohl Gründe als auch Maßnahmen erörtern muss.

c) Material 1: Karikatur, Cartoon
- Thema: Bedachte Auswahl von Konsumgütern
- geeignet für Einleitung, Argumentation
- Überflussgesellschaft

Seite 31

c) Material 2: Definition, Begriffsklärung
- Thema: Nachhaltigkeit
- geeignet für Einleitung, Argumentation
- Verantwortung für zukünftige Generationen

Material 3: Zitat
- Thema: Saisonales Beziehen von Obst
- geeignet für Argumentation

Material 4: Schaubild
- Thema: Darstellung von nachhaltigem Verhalten
- geeignet für Argumentation zur Erarbeitung von Maßnahmen

Seite 32

c) Material 5: Textauszug aus „Heidelberger Modell"
- Thema: Umweltschutz
- geeignet für Argumentation, Darstellung von Gründen und Maßnahmen
- Beispiele für Aspekte von Lebensqualität

Material 6: Interview
- Thema: Verantwortungsbewusstsein
- geeignet für Argumentation, Beispiel für nachhaltige Unternehmensführung

Seite 33

4 individuelle Lösung

5 Weitere Ideen für das Cluster: Kauf von fair gehandelten Produkten; Müll beim Einkauf vermeiden; mit dem Zug verreisen; auf Fern- bzw. Flugreisen verzichten; auf nicht notwendige Fahrten mit dem Auto verzichten; Kauf von biologisch angebauten Produkten; Einkauf bei regionalen Erzeugerbetrieben; Aufklärungskampagnen durch den Staat; Gesetze für den Handel zur Reduzierung von Lebensmittelverschwendung

Seite 34

6 Stichpunkte für das Cluster „Gewaltdarstellungen in Film, Fernsehen und Computerspielen":
schlechte Konzentration; Schädigung durch jugendgefährdende Inhalte der Filme oder Spiele; soziale Probleme; Realitätsverlust; Abstumpfen der Gefühle; Entstehung von Vorurteilen; feste Fernsehzeiten/Spielzeiten; stabile Familienverhältnisse; Fernsehen/Spiel nur als bewusster Konsum, nicht als Mittel der Ruhigstellung; andere gemeinschaftliche Unternehmungen; Medienerziehung und Jugendschutz als Themen im Unterricht

Seite 35

7 Oberbegriffe:
a) Maßnahmen des Einzelhandels
b) Maßnahmen vonseiten des Staates
c) Gründe seitens der Nahrungsmittelindustrie
d) Maßnahmen des Einzelnen

8 Das gehört zusammen: 1C, 2D, 3A, 4B

C 2.1 Die Gliederung erstellen

Seite 37

1 Nominalstil: Einkaufsgutscheine an der Kasse; Verbalstil: Einkaufsgutscheine sind an der Kasse erhältlich.

Nominalstil: Angebote im Werbeprospekt; Verbalstil: Die aktuellen Angebote finden Sie in unserem Werbeprospekt.

2 Gliederungen zum Thema „Viele Jugendliche träumen davon, nach dem Schulabschluss ein Jahr im Ausland zu verbringen. Welche Argumente sprechen dafür? Welche Argumente sprechen dagegen?"

Verbalstil:
A. Ein Auslandsjahr ist der Traum vieler Jugendlicher.

B. Welche Argumente sprechen für und welche gegen ein Auslandsjahr nach dem Schulabschluss?
  I. Argumente, die für ein Auslandsjahr nach dem Schulabschluss sprechen
    1. Jugendliche knüpfen neue Kontakte.
      a) Es entsteht enger Kontakt zur Gastfamilie.
      b) Jugendliche finden neue Freunde.
    2. Neue Kenntnisse werden erworben.
      a) Sprachkenntnisse können vertieft werden.
      b) Eine neue Sprache kann erlernt werden.
      c) Die Kultur des Landes wird intensiv erfahren.
    3. Die eigene Selbstständigkeit wird gefördert.
      a) Man übernimmt Verantwortung für eigene Entscheidungen.
      b) Jugendliche werden von den Eltern unabhängig.
  II. Argumente, die gegen ein Auslandsjahr nach dem Schulabschluss sprechen
    1. Die finanzielle Mittel fehlen.
    2. Der Einstieg ins Berufsleben erfolgt später.
    3. Bestehende soziale Kontakte werden vernachlässigt.
      a) Der persönliche Kontakt zur Familie fehlt.
      b) Bestehende Freundschaften werden vernachlässigt.

C. Ich plane, nach dem Realschulabschluss ein Jahr im Ausland zu verbringen.

Nominalstil:
A. Auslandsjahr als Traum vieler Jugendlicher.

B. Argumente für und gegen ein Auslandjahr nach dem Schulabschluss
  1 Argumente für ein Auslandjahr nach dem Abschluss
    1.1 Knüpfen neuer Kontakte
      1.1.1 Enger Kontakt zur Gastfamilie
      1.1.2 Finden neuer Freunde
    1.2 Erwerb neuer Kenntnisse
      1.2.1 Erlernen einer neuen Sprache
      1.2.2 Vertiefung der Sprachkenntnisse
      1.2.3 Intensives Erfahren der Kultur des Landes
    1.3 Förderung der Selbstständigkeit
      1.3.1 Übernahme von Verantwortung
      1.3.2 Unabhängigkeit von den Eltern
  2 Argumente gegen ein Auslandjahr nach dem Abschluss
    2.1 Fehlen von finanziellen Mitteln
    2.2 Späterer Einstieg ins Berufsleben
    2.3 Vernachlässigung bestehender Sozialkontakte
      2.3.1 Verlust des persönlichen Kontakts zur Familie
      2.3.2 Vernachlässigung bestehender Freundschaften

C. Planung eines Auslandsjahres nach dem Realschulabschluss

Seite 38

3 numerische Gliederung

A Vermeidbarer Müll durch vernichtete Rücksendungen bei Onlinehändlern

B Welche Gründe sprechen für ein nachhaltiges Verhalten der Menschen? Durch welche Maßnahmen kann Nachhaltigkeit im Alltag umgesetzt werden?
  1 Gründe für ein nachhaltiges Verhalten
    1.1 Erhalt des Freizeitorts Natur
    1.2 Schutz für Menschen und Tiere
    1.3 Verantwortungsbewusstsein
  2 Maßnahmen für Umsetzung von Nachhaltigkeit im Alltag
    2.1 Bewusster Einkauf von Gütern
    2.2 Benutzung von öffentlichen Verkehrsmitteln
    2.3 Schaffung und Einhaltung von gesellschaftlichen Regeln

C Wahrnehmung ethischer Verantwortung von allen

C 2.2 Zum Thema hinführen: Die Einleitung

Seite 39

1 Definition des Themenbegriffs

2 Weitere Möglichkeiten sind beispielsweise: Auswertung einer Statistik, Nennung eines aktuelles Ereignisses, Erstellung eines Rückblicks.

Seite 40

3 In der Einleitung wird bereits eine Maßnahme vorweggenommen, die erst im Hauptteil erscheinen soll.

4 individuelle Lösung

5 Folgende Sätze gehören nicht in die Einleitung:
~~Das Ausüben eines Nebenjobs bringt für den Schüler den Vorteil mit sich, dass er finanziell unabhängiger wird und sich dadurch Statussymbole wie ein angesagtes Handy oder Markenklamotten leisten kann. Das steigert sein Ansehen im Freundeskreis~~.

Seite 41

6 Möglicher Einleitungsgedanke:
Es gibt viele Formen von Gewalt. Grundsätzlich gilt, dass Gewalt immer zwei unterschiedliche Parteien betrifft. Auf der einen Seite gibt es das oder die Opfer der Gewaltattacken, auf der anderen Seite den oder die verursachenden Täter. Bei der Anwendung von Gewalt werden Menschen erniedrigt und entwürdigt, wobei man zwei Arten von Gewaltanwendung unterscheiden kann: So gibt es die physische Gewalt, die sich beispielsweise in Form von Schlägen zeigt. Aber auch die psychische Gewalt darf nicht vergessen werden. In Deutschland wird täglich Gewalt gegenüber Menschen ausgeübt. Dabei sind die Täter nicht selten Jugendliche. Aufgrund dieser Tatsache stellt sich die Frage, warum sich manche Jugendliche gewalttätig verhalten und was man dagegen unternehmen kann.

C 2.3 Argumente formulieren

Seite 42

1 *Behauptung:* Eine weitere Maßnahme, wie Nachhaltigkeit im Alltag umgesetzt werden kann, ist der bewusste Einkauf von Produkten im Internet.
Begründung: Online hat man die Möglichkeit, viele verschiedene Waren zu bestellen. Da einem manchmal die Auswahl schwerfällt, ordert man mehrere Dinge, um dann das beste Produkt auszuwählen. Es kommt jedoch auch vor, dass das Gelieferte den eigenen Erwartungen nicht entspricht.
Beispiel: Viele Firmen bieten den Service einer kostenlosen Retoure, sodass viele Waren unkompliziert zurückgeschickt werden können. Häufig ist dem Verbraucher jedoch nicht bewusst, dass viele der zurückgeschickten Waren vernichtet werden (vgl. M1), obwohl sie noch einwandfrei zu gebrauchen wären.
Überleitung: Deswegen landen viele intakte Produkte auf dem Müll.
Rückführung: Aufgrund dieser Tatsache ist eine Maßnahme beim Onlinehandel, dass man nur die Produkte bestellt, bei denen man sich sicher ist, dass man sie auch behalten möchte, da retounierte Ware – und somit wertvolle Ressourcen – vernichtet werden.

2

Behauptung 1	Lebensmittel sollten bewusst konsumiert werden.
Beispiele	Obst und Gemüse werden nur saisonal gekauft.
Behauptung 2	Statt des eigenen Autos sollten möglichst oft öffentliche Verkehrsmittel genutzt werden.
Beispiele	Der Weg vom Land in die Stadt zur Arbeit kann meist mit Bus oder S-Bahn zurückgelegt werden. Innerhalb einer Großstadt können U-Bahn oder Carsharingangebote genutzt werden.
Behauptung 3	Die ethische Verantwortung verpflichtet die Menschen zu nachhaltigem Verhalten.
Beispiele	Die aktuelle Meeresverschmutzung durch Plastikabfall betrifft besonders zukünftige Generationen.

Seite 43

3 passende Reihenfolge der Überleitungen:
Zudem – deshalb – damit – obwohl – daneben – dass – dadurch – Insofern – sodass – Nachdem – im Anschluss

4 individuelle Lösung; Verbesserungsvorschläge: sachliche Sprache benutzen, Wiederholungen vermeiden, Material geschickter in den Text einfügen, flüssige Überleitungen verwenden

5 individuelle Lösung

C 2.4 Die Erörterung abrunden: Der Schluss

Seite 44

1 In der Schlussvariante wird die eigene Meinung und der Wunsch an die Gesellschaft miteinander verknüpft.

Seite 45

2 a) geschichtlicher Rückblick
b) eigene Erfahrungen in diesem Bereich
c) persönlicher Bezug zum Thema

3 individuelle Lösung

D Der textgebundene Aufsatz (TGA)

D 1 Grundlegendes

Seite 46

1 a) Die Reportage enthält drei Grafiken.
b) Es fällt auf, dass der Text besonders viele wörtliche Reden aufweist.
c) Die fett gedruckte und unterstrichene Überschrift sticht dem Leser ins Auge.
d) Der vorliegende Text ist eine Reportage, was durch folgende Merkmale erkennbar ist.

D 2.1 Zum Thema hinführen: Die Einleitung

Seite 51

1 Der Kernsatz steht fälschlicherweise am Anfang und nicht am Ende der Einleitung, zudem geht er auf Details ein und vernachlässigt dabei den Weg von Marens Genesung, was ein wichtiger inhaltlicher Aspekt der Reportage ist. Die Textsorte wird falsch angegeben (Reportage wäre richtig) und die Angabe des Titels fehlt.

2 ☒ ... der Judenverfolgung zur Zeit des Dritten Reiches, die anhand eines Einzelschicksals, das ein unbedarftes Kind schildert, beschrieben wird.

Die Kurzgeschichte „Berlin Gormannstraße“ wurde von Kurt Bartsch verfasst, der in der DDR aufwuchs, 1980 nach Westdeutschland umsiedelte und dort als Schriftsteller und Drehbuchautor tätig war. Der Text erschien in dem Buch „Kaderakte“, das im Jahr 1979 vom Rowohlt Verlag herausgegeben wurde. Die Geschichte handelt von der Judenverfolgung zur Zeit des Dritten Reiches, die anhand eines Einzelschicksals, das ein unbedarftes Kind schildert, beschrieben wird.

D 2.2 Inhalte zusammenfassen

Seite 53

1 trifft zu: a), b), c), f), h); trifft nicht zu: d), e), g)

2

Indikativ	Konjunktiv I	Konjunktiv II
er bekommt	er bekomme	er bekäme
du siehst	du sehest	du sähest
sie gehen	sie gehen	sie gingen
ihr riecht	ihr riechet	ihr röchet
sie fühlt	sie fühle	sie fühlte
er springt	er springe	er spränge

Seite 54

3 Der vierzehnjährige Realschüler Markus, der von einer Gruppe Jugendlicher verprügelt wurde, erzählt, dass er sich seitdem fürchte, wenn er alleine sei. Der Sozialarbeiter seiner Schüle rät ihm, er solle versuchen, selbstbewusst zu wirken und die Angreifer zu ignorieren, da diese dann häufig die Lust an den Pöbeleien verlören.

4 Inhalte, die für das Verständnis der Kurzgeschichte wichtig sind: a), b), (c), f), h), k), (l)

Seite 55

5
- I (nicht korrekt, es wird nicht gesagt, dass der Ich-Erzähler ein Junge ist): „Die Kurzgeschichte handelt von einem kleinen Jungen [...]“
- A/I (Stil zu anschaulich, Wortwahl zu nah an der Textvorlage, inhaltlich zu detailliert): „Eines Tages beobachtet das Kind einen großen, etwa zwölfjährigen Jungen, der scheue, ängstliche Augen hat.“
- A (Stil zu anschaulich, unsachlich): „Als sie bei Lucie Mannheimer ankommen, ist auch ihr die blanke Angst ins Gesicht geschrieben.“
- I (nicht korrekt): „Trotzdem freut sie sich sehr über den Besuch der Freunde.“
- I (unwichtig): „[...] an einem sonnigen Tag bei strahlend blauem Himmel [...]“
- Sb (einfach, eintönig, Aneinanderreihung mehrerer einfacher Hauptsätze): „Aber sie öffnet die Tür nicht. Ein Mann kommt die Treppe rauf und sagt zu ihnen: [...]“
- A (umgangssprachlich): „rauf“
- A (wörtliche Rede): „[...] und sagt zu ihnen: „Die wohnt nicht mehr hier.“
- T: „[...] dass man die Juden am Vortag abgeholt hatte.“
- Gr/A (umgangssprachlich): „Dann zeigt er Heil Hitler und lacht.“
- Wh: „[...] und sagt zu ihnen [...] Die Geschichte endet damit, dass das Kind sagt, die Mutter hat die Suppe nun ganz umsonst hergetragen, woraufhin sie sagt, dass es Schlimmeres gibt.“
- T/Gr (kein Konjunktiv verwendet): „[...] die Mutter hat [anstatt: habe] die Suppe nun ganz umsonst hergetragen, woraufhin sie sagt, dass es Schlimmeres gibt [anstatt: gebe].“

6 Mögliche Lösung:
Der Ich-Erzähler, ein Kind, begleitet seine Mutter zur Zeit des Dritten Reiches oft zu ihrer jüdischen Freundin, Lucie Mannheimer, um ihr etwas zu essen zu bringen. Auf dem Weg dorthin beobachtet das Kind eines Tages einen verängstigten jüdischen Jungen und kann dessen Verhalten nicht einordnen. Ebendiese Angst sieht es auch, als es mit der Mutter bei der Freundin ankommt, da diese nur zögerlich und verängstigt die Tür öffnet. Als die Mutter mit ihrem Kind wenige Tage später die jüdische Freundin wieder mit Essen versorgen wollen, öffnet diese die Tür nicht. Von einem Mann, der gerade die Treppe hinaufgeht, erfährt die Mutter des Ich-Erzählers von der Deportation ihrer jüdischen Freundin. Die Frau scheint deren Schicksal zu kennen und weint, ihr Kind hingegen versteht die Bedeutung des Gesagten und das Ausmaß des Geschehens nicht.

Seite 56

7+**8** Mögliche Lösung (Zusammenfassungsfortsetzung):
... In den Zeilen 15 bis 28 erklären Fachleute, wie Shirley Hartlage vom Fachzentrum für Essstörungen in Hamburg oder die Medienwissenschaftlerin und -pädagogin Maya Götz, inwiefern Instagram die Entwicklung einer Essstörung begünstigen kann, indem die Nutzer dem Schönheitsideal, möglichst dünn zu sein, nacheifern, um viele Likes zu bekommen. Anschließend (Z. 29 – 37) erläutert Maren, dass sie die Bilder im Internet zum Abnehmen motiviert hätten und sie sich in ihrem eigenen Körper unwohl gefühlt habe. Diese Aussage wird im folgenden Sinnabschnitt (Z. 38 – 44) durch eine nicht veröffentlichte Studie der Medienwissenschaftlerin Götz bestätigt, die belegt, dass sich viele Betroffene in ihrem Krankheitsverlauf von Influencern beeinflusst gefühlt haben. In den Zeilen 45 bis 49 wird erneut über Maren berichtet, deren einziger Kontakt zur Außenwelt auf dem Höhepunkt ihrer Krankheit die Plattform Instagram gewesen sei und die letztendlich in eine Klinik eingewiesen werden musste. Im Anschluss beschreibt die Autorin (Z. 50 – 58), dass Maren während des stationären Klinikaufenthaltes auf Instagram verzichtet hat, um wieder reale Kontakte aufzubauen und sich vom vorgegebenen Schönheitsideal zu lösen. Danach (Z. 59 – 73) wird berichtet, wie Maren allmählich wieder auf Instagram zurückkehrt und einen „Recovery-Account“ erstellt; das ist ein Account, mit dem sie sich und andere an Magersucht Erkrankte zur Genesung motivieren möchte. Hierbei erfährt sie neben Unterstützung auch negative Reaktionen, da es viele Nutzerinnen und Nutzer von Recovery-Accounts gibt, die ihre Krankheit noch nicht hinter sich gelassen haben und weiterhin am Abnehmverhalten festhalten. Die Medienpädagogin propagiert im nächsten Abschnitt (Z. 74 – 78), dass Influencer viel mehr Individualität fördern sollten, damit es leichter fällt, den eigenen Körper wertzuschätzen. Abschließend rundet die Autorin den Text in den Zeilen 79 bis 83 mit der Aussage ab, dass sich Maren aktuell in ihrem Körper wohlfühlt und negative Kommentare ignorieren kann. Allerdings wird deutlich, dass Jana Rudolf nur bedingt daran glaubt, dass Marens neues Selbstbewusstsein auf Dauer anhalten wird.

D 2.3 Die Textsorte bestimmen

Seite 58

1

Kurzgeschichte:	a), f), k), q)
Satire:	e), l), p)
Reportage:	d), h), i), m), n), r)
Bericht:	b), g), i), r)
Glosse:	f), h), n), o), p)
Kommentar:	c), h), j), n)

Seite 59

2 Zutreffende Textsortenmerkmale:
- unvermittelter Einstieg: Begegnung mit dem jüdischen Jungen auf dem Weg zu Lucie Mannheimer (Z. 1 – 6)
- keine genauen Angaben zu Ort und Zeit des Geschehens: Ort ist angegeben: „Gormannstraße" (Z. 1); Zeitangaben fehlen: „Einmal" (Z. 1), „Zwei Wochen später, es ist Sommer" (Z. 23)
- Alltagsgeschehen: Die Mutter versorgt zur Zeit des NS-Regimes ihre jüdische Freundin mit Nahrungsmitteln (Z. 16 ff.).
- keine genauen Angaben zu den handelnden Personen: Mutter und Kind (Z. 1 – 5), nur der Name von Lucie Mannheimer ist bekannt (Z. 1)
- Hauptperson ist einem Konflikt / einer kritischen Situation ausgesetzt: Mutter kann dem Kind ihre Sorgen und Ängste sowie die Situation nicht erklären, da es noch zu klein ist (Z. 7 – 12). Mutter hat Angst, da die Versorgung einer jüdischen Person eine Gefahr darstellt (Z. 15 – 21).
- unerwarteter Wendepunkt / unerwartete Pointe: Als die Mutter ihrer Freundin etwas zu essen bringen möchte, erfährt sie, dass diese deportiert wurde (Z. 23 – 30).
- offener Schluss: Man erfährt nichts über das Schicksal oder den Verbleib von Lucie Mannheimer oder wie es der Mutter mit ihrem Kind ergeht (Z. 31 – 35).
- einfache Alltagssprache: „Wo wolln Sie denn hin" (Z. 26)
- wörtliche Rede: „Zu Lucie Mannheimer, sagt meine Mutter." (Z. 27), „Wo gehören die Juden denn hin, frage ich." (Z. 32)

Seite 60

3 + **4**
Bei dem vorliegenden Text handelt es sich um eine Kurzgeschichte, was man bereits an dem geringen Umfang von knapp einer Seite erkennen kann und daran, dass sich die Geschichte innerhalb eines kurzen Handlungszeitraumes zuträgt, da lediglich zwei kurze Szenen in einem Abstand von zwei Wochen erzählt werden (Z. 23). Zudem steigt der Verfasser **unvermittelt in das Geschehen ein**, indem dargestellt wird, wie das Kind einen verängstigten jüdischen Jungen beobachtet (Z. 1 – 6). Es werden keine exakten Angaben zu den Personen, den genaueren Umständen oder zur **Zeit** des Geschehens gemacht. Lediglich der Name der jüdischen Freundin, „Lucie Mannheimer" (**Z. 1**), und dass diese in der Gormannstraße lebt (Z. 1), wird erwähnt. Des Weiteren werden auch die Hauptpersonen, Lucie Mannheimer, die Mutter und der Ich-Erzähler, nicht eingehend vorgestellt oder beschrieben. Man erfährt nur, dass Lucie **jüdischer Herkunft ist** (Z. 8). Außerdem spricht für die Textsorte, dass die Protagonisten **alltägliche** und gewöhnliche Personen sind, die **einer kritischen Situation** ausgesetzt sind. So ist sowohl die Angst der Mutter, als sie ihrer Freundin die Suppe bringt, als auch die Furcht von Lucie Mannheimer zu spüren (**Z. 15 – 21**). Ein weiteres Kennzeichen der Kurzgeschichte ist die **unerwartete Wende** (Z. 23 – 30), als die jüdische Frau bei einem Besuch die Tür nicht öffnet und die Mutter des Ich-Erzählers erfährt, dass die Freundin deportiert wurde. Darüber hinaus hat der Text ein offenes Ende, da man nicht erfährt, **wohin Lucie Mannheimer gebracht wurde** oder was aus der Mutter und ihrem Kind wird. Der Text endet mit der banalen Aussage des Ich-Erzählers, dass die Mutter die Suppe nun umsonst hergebracht habe, worauf diese entgegnet, dass es Schlimmeres gebe, was auf das Schicksal ihrer Freundin und das der gesamten jüdischen Bevölkerung hinweist (Z. 34 f.). Abschließend kann man die Textsorte auch an der sprachlichen Gestaltung erkennen, da mehrmals **wörtliche Reden** (Z. 4 ff., Z. 7, Z. 9 usw.) benutzt wurden und Kurt Bartsch einfache Alltagssprache mit vereinzelt umgangssprachlichen Ausdrücken verwendet, wie zum Beispiel: „Wo wolln Sie denn hin, fragt ein Mann, der die Treppe heraufkommt." (**Z. 26**) Aufgrund der beschriebenen Merkmale kann der Text „Berlin, Gormannstraße" eindeutig der Textsorte **Kurzgeschichte** zugeordnet werden.

5
a) Z. 1 – 5
b) Präsens: Z. 1 – 5 detailgenaue Schilderung im szenischen Einstieg
Präteritum: Z. 6 – 16 Hintergründe zur Entstehung von Marens Krankheit
Perfekt: Z. 65 f. Erzählungen in wörtlicher Rede
c) wörtliche Zitate: Z. 21 f., indirekte Rede Z. 34 ff.

6 Verfasserangabe, Neugier weckende Formulierung der Überschrift, wertende Kommentare der Verfasserin, Wechsel von informierenden und schildernden Textstellen

7 Bei dem vorliegenden Text handelt es sich um eine Reportage, was durch folgende Textsortenmerkmale belegt werden kann: Zu Beginn macht die Headline „Instagram hat Maren magersüchtig gemacht – so hat sie sich befreit" auf den Artikel aufmerksam und weckt die Neugier des Lesers. Auch dass der Name der Verfasserin Jana Rudolf abgedruckt ist, ist ein Indiz für die Textsorte. Der Text beginnt zudem mit einem szenischen Einstieg (vgl. Z. 1 – 5), in welchem mittels der Zoomtechnik geschildert wird, unter welchen Zwängen sich die an Magersucht erkrankte Maren eine Mahlzeit zubereitet. Derartige schildernd-erzählende Passagen wechseln sich mit sachlich-informierenden Textstellen ab, beispielsweise als zwei Expertinnen erklären, wie Instagram die Entstehung von Anorexie begünstigen kann (vgl. Z. 15 – 28). Die Befragung mehrerer Fachleute wie der Medienwissenschaftlerin

Götz (vgl. Z. 21 ff.) oder einer Mitarbeiterin des Fachzentrums für Essstörungen in Hamburg (vgl. Z. 17 – 20) sowie der von Magersucht Betroffenen Maren (vgl. Z. 29 – 32) spricht für eine umfassende Recherche der Autorin und deutet ebenfalls auf die Textsorte Reportage hin. Ein weiterer Beleg dafür ist, dass Jana Rudolf wertende Kommentare einfließen lässt, wie z. B.: „Zumindest sagt sie das" (Z. 82 f.). Auch die sprachliche Gestaltung spricht dafür, dass es sich bei dem Text um eine Reportage handelt, da verschiedene Zeitstufen benutzt werden. Das Präsens wird beispielsweise dafür verwendet, um im szenischen Einstieg das zwanghafte Handeln Marens bei der Zubereitung einer Mahlzeit zu schildern (vgl. Z. 1 – 5), wohingegen zur Erklärung der Hintergründe dieser Szene und zur Entstehung von Marens Krankheit das Präteritum benutzt wird (vgl. Z. 6 – 16). Die wörtliche Rede wiederum wird teilweise im Perfekt wiedergegeben (vgl. Z. 65 f.). Durch das Auftreten dieser Merkmale kann der vorliegende Text eindeutig der Reportage zugeordnet werden.

D 2.4 Die Sprache analysieren

Seite 62

1 a) Adjektive/Partizipien: „engen, lichtlosen" (Z. 6, Z. 21), „schmales, blasses" (Z. 15), „flüsternd" (Z. 19), „schweigend" (Z. 31)

b) ☒ Der Autor verdeutlicht mit den Adjektiven die bedrückende, angstvolle Stimmung, die nicht nur der Hof, sondern auch die Situation bei der jüdischen Freundin bei dem Kind auslösen. Es spürt unterbewusst, dass auch die Erwachsenen Angst haben. Seine Furcht verstärkt sich beim Betreten und löst sich erst wieder beim Verlassen des Hofes.

Seite 63

2 a) – c)

neue Medien	Medizin und Gesundheit
„Livestreams", Z. 9 (FW) „Instagram", Z. 10 f. (FW) „Instarexie", Z. 16 (FW) „App", Z. 52 (FW) „getriggert", Z. 52 (FW) „Recovery-Account", Z. 62 (FW) „Influencer", Z. 76 (FW)	„Magersucht", Z. 7 „Essstörung", Z. 8 „Ernährungstipps", Z. 11 „Essverhalten", Z. 13 „toxische", Z. 13 (FW) „Anorexie", Z. 15 (FW) „Instarexie", Z. 16 (FW)

d) Hinweis auf tiefgreifende Recherche, Steigerung der Glaubhaftigkeit und Überzeugungskraft

Seite 64

e) Der Text enthält einige Fachbegriffe und Fremdwörter aus dem Bereich „neue Medien" wie „Instagram" (Z. 10 f.), „getriggert" (Z. 52) und „Recovery-Account" (Z. 62) sowie aus dem Fachgebiet „Medizin und Gesundheit" („Essstörung", Z. 8, „Anorexie", Z. 15, und „toxische", Z. 13). Hierdurch vermittelt die Verfasserin, dass sie umfassende Recherchen betrieben und sich ein fundiertes Wissen über das Thema angeeignet hat, wodurch die Überzeugungskraft der Reportage steigt.

Seite 65

3 Standardsprache: Kommentar, Altersstruktur, Essstörung, Eigenverantwortung, alkoholisiert, Selbstbewusstsein
Alltags- bzw. Umgangssprache: Kumpels, Schluck aus der Pulle, Mädels und Jungs, eins auf den Deckel bekommen
Dialekt: a bisserl Spaß
Jugendsprache: lost, boomen, no front, Digga
Fachsprache: Anorexie, toxisch, Essstörung, Sondereinsatzkommando, Recovery-Account
Fremdwörter: Anorexie, lost, Recovery-Account, boomen, no front, toxisch

Seite 66

4

Bezeichnung	Erklärung	Beispiel
Parenthese	Einschub	Ich möchte dir – ich fasse mich kurz – von gestern erzählen.
Personifikation	Vermenschlichung von Begriffen oder Gegenständen	Die Nacht schwingt ihre Fahn'.
Vergleich	Verknüpfung zweier Begriffe mit *wie*	rot wie eine Tomate
Neologismus	Bildung neuer Wörter	Eigenkapitalist
Alliteration	gleicher Anfangslaut bei mehreren Wörtern	Himmel und Hölle; mit Kind und Kegel
Euphemismus	positive Umschreibung unangenehmer Dinge	entschlafen (anstatt: sterben)
Hyperbel	deutliche Unter- oder Übertreibung	Das lerne ich in 100 Jahren nicht.
Ellipse	unvollständiger Satz durch Auslassen von Satzteilen	je schneller, desto besser
Anapher	gleiches Wort zu Beginn mehrerer Sätze	Wasser trinke ich. Wasser ist das Leben.
Antithese	Gegenüberstellung zweier Wörter oder Satzteile, die sich im Sinn widersprechen	Heiß ist die Liebe, kalt ist der Schnee. Himmel und Hölle
rhetorische Frage	Frage, auf die keine Antwort erwartet wird	Was glaubst du, wer du bist?

Parallelismus	Wiederholung ganzer Sätze oder von Satzstrukturen	Heiß ist die Liebe, kalt ist der Schnee.
Metapher	Wort mit übertragender Bedeutung	die Hölle des Krieges; Geldwäsche
Klimax	stufenweise Steigerung	Er kam, sah und siegte.
Ironie	Behauptung, deren Gegenteil gemeint ist	Das ist ja eine schöne Bescherung!

Seite 68

5 a) Ac2, Ba3, Cb1

b) „Er verlässt den Bürgersteig, wartete mit scheuen Augen […]. Er hat Angst. […] Er ist Jude." (Z. 3 – 5)"
Wirkung: Durch die Wiederholung des Wortes „er" wird der beiläufigen Beobachtung des Kindes und dem jüdischen Jungen, der keine tragende Rolle in der Geschichte spielt, eine besondere Bedeutung verliehen.

c) 1. Nomen „Jude" (Z. 5, Z. 6, Z. 7, Z. 8, Z. 22, Z. 28, Z. 32), „Angst" (Z. 4, Z. 8, Z. 9, Z. 21)
2. Verben „sagen" (Z. 7, Z. 10, Z. 12, Z. 14, Z. 16, Z. 22, Z. 27, Z. 28, Z. 32, Z. 34, Z. 35), „fragen" (Z. 5, Z. 6, Z. 9, Z. 10, Z. 12, Z. 26, Z. 32)

Seite 69

d) 1. ☒ Die Begriffe stellen die zentrale Thematik des Textes dar. Durch die Wiederholung beider Worte wird hervorgehoben, dass diese zur Zeit des Dritten Reiches untrennbar miteinander verbunden waren.
2. ☒ Die Wiederholung der beiden Worte zeigt einerseits, wie sehr das Kind die Thematik beschäftigt, und andererseits verdeutlicht die einfache Wortwahl die kindliche Perspektive des Ich-Erzählers.

e) Durch die Alliteration wird die Freundschaft der beiden Frauen hervorgehoben, der flüsternde Ton verdeutlicht den vertrauten Umgang miteinander

Seite 71

6 a) Satzgefüge; Vorkommen: eher selten

b) einfache Hauptsätze; Vorkommen: häufig

c) wörtliche Rede, einfache Fragesätze; Vorkommen: häufig; Besonderheit: keine Anführungszeichen

Seite 72

d) indirekte Rede; Vorkommen: nur einmal

7 a) ☒ Der Text wirkt abwechslungsreich und die Hintergründe der Thematik werden beschrieben.

b) ☒ Die Intensität der Aussagen wird erhöht, der Inhalt wird auf das Wesentliche reduziert.

c) ☒ Die Gespräche zeigen, dass die scheinbar einfachen Fragen des Kindes in Wirklichkeit existenzielle Fragen sind.
☒ Das Kind kann die Lage der Juden und damit ihre Angst nicht begreifen und möchte von der Mutter Erklärungen bekommen.

d) ☒ Eine zentrale Textstelle wird hervorgehoben, die Mutter kann ihrem Kind keine Erklärung geben und weicht deshalb aus.

D 2.5 Die Erzählperspektive

Seite 74

1 a) personaler Ich-Erzähler → Pronomen „ich" wird verwendet, es werden nur die Gedanken und Wahrnehmungen der erzählenden Figur beschrieben

b) auktorialer Er-/Sie-Erzähler → Pronomen „er" und „sie" werden verwendet, Gedanken der Mutter und Gefühle des Sohnes werden erläutert, der Erzähler weiß auch, dass der Sohn seine Mutter noch nie in dieser Verfassung gesehen hat

c) neutraler Er-/Sie-Erzähler → Pronomen „er" und „sie" werden verwendet, nur das nach außen Sichtbare wird erzählt, kein Einblick in die Gefühle und Gedanken der Figuren

2 Kurt Bartsch hat in seinem Text einen personalen Ich-Erzähler gewählt. Der Ich-Erzähler ist ein kleiner Junge, aus dessen Perspektive die Handlung dargestellt wird, Dies wird gleich zu Beginn deutlich, als er mit seiner Mutter zu deren Freundin Lucie Mannheimer geht und der Ich-Erzähler mit seiner Mutter ein Gespräch führt („frage ich", Z. 5; „sagt meine Mutter", Z. 7 f.). Der Leser enthält Einblick in die Gedanken (Z. 8) und Gefühle des Erzählers. So kann man in Zeile 21 lesen, dass seine Angst nachlässt. Hierdurch wird deutlich, dass es sich um einen personalen Erzähler handelt. Welche Gefühle die Mutter hat, wird lediglich anhand der äußerlich wahrnehmbaren Tatsache, dass sie weint (Z. 33) beschrieben. Einen tieferen Einblick in das Innere der Mutter oder anderer Figuren erhält der Leser nicht. Hierdurch ist eindeutig feststellbar, dass es sich um einen personalen Ich-Erzähler handelt.

D 2.6 Die Autorintention und die Zielgruppe erkennen

Seite 76

1 Die Autorin der Reportage möchte darauf aufmerksam machen, dass Instagram die Entwicklung einer Essstörung begünstigen kann (vgl. Z. 21 – 28).
Außerdem kritisiert Jana Rudolf mit ihrem Text, dass auf sozialen Plattformen falsche Schönheitsideale vermittelt werden und dass die geposteten Fotos junge Menschen zum Abnehmen motivieren (vgl. Z. 34 – 37, Z. 40 – 44) und ruft zudem dazu auf, dass Influencer mehr Individualität fördern (vgl. Z. 74 – 78) und junge Menschen sich nicht so stark von den Vorbildern abhängig machen sollen.
Die Befragung mehrerer Experten (z. B. Z. 74 – 78) zeigt deutlich, dass Jana Rudolf vorwiegend über die Gefahr von Instagram bezüglich der Entwicklung von Anorexie informieren möchte. Der teils schildernde Stil (z. B. Z. 1 – 5) lässt zudem darauf schließen, dass die Journalistin den Leser unterhalten will.

Die Verfasserin richtet sich mit ihrem Text vorwiegend an junge Menschen und Influencer als deren Vorbilder.

2 Mögliche Lösung:
Kurt Bartsch möchte mit seinem Text an die Zeit der Judenverfolgung während des Dritten Reichs erinnern, damit diese nicht in Vergessenheit gerät. Er beschreibt dazu das Einzelschicksal Lucie Mannheimers (vgl. Z. 1), sie ist die einzige Figur, die namentlich genannt wird, was beweist, dass sie die zentrale Rolle im Text einnimmt. Zudem zeigt der Verfasser das Unaussprechliche und Unfassbare der Judenvernichtung auf. So findet die Mutter keine Worte, um ihrem Kind zu erklären, was den Juden widerfährt (vgl. Z. 11 f., Z. 32). Eventuell möchte der Autor aber auch die Menschen kritisieren, die schweigend und tatenlos bei der Vernichtung der jüdischen Bevölkerung zugesehen und sich unwissend gegeben haben, obwohl sie wussten, dass es ein großes Unrecht ist. Die Mutter sagt nichts gegen die antisemitischen Äußerungen des Mannes im Treppenhaus (vgl. Z. 28 f.), obwohl Lucie Mannheimer eine gute Freundin von ihr gewesen ist. Zudem erklärt sie ihrem Kind, dass sie nicht wisse, wohin Lucie gebracht wurde (vgl. Z. 32). Vielleicht will sie ihr Kind damit schützen, vielleicht ist diese Aussage aber auch eine Anspielung auf die Menschen, die Krieg miterlebten und danach behaupteten, nichts über die Judenvernichtung gewusst zu haben. Die Tränen der Mutter deuten jedoch darauf hin, dass sie sehr wohl ahnte, welches Schicksal ihrer jüdischen Freundin bevorstand.

D 2.7 Das Textäußere beschreiben

Seite 78

1 (a) das Interesse des Lesers wecken soll; (b) siebzehn; (c) um dem Leser den Lesevorgang zu erleichtern; (d) kursiv; (e) Fettdruck; (f) 15 – 16; (g) eingerückt; (h) kursiv; (i) diese Aussagen von der von Magersucht betroffenen Maren stammen; (j) kleinerer; (k) Quellenangabe; (l) hinter der Headline; (m) kursiv geschrieben

D 2.8 Eine Personencharakteristik erstellen

Seite 79

1 nervös; hilfsbereit; pflichtbewusst; freigiebig; aggressiv; unentschlossen; schüchtern; ehrlich; mutig; geduldig; eingebildet; enttäuscht; ängstlich

Seite 80

2 a) ☒ Die Mutter ist hilfsbereit, da sie ihrer jüdischen Freundin regelmäßig Essen bringt.
b) ☒ Die Frau will ihr Kind nicht belasten und beantwortet deshalb nicht alle Fragen.
c) ☒ Die Frau ist emotional und kann ihre Gefühle zeigen.
d) ☒ Die Mutter ist mutig und steht zu ihrer jüdischen Freundin.

3 Die Mutter des Ich-Erzählers ist sich der Gefahr bewusst, dass sie jederzeit dabei ertappt werden könnte, wie sie eine Jüdin mit Essen versorgt und dass dies auch Konsequenzen für ihre Familie nach sich ziehen könnte.

4 „Einen Juden erkennt man daran, dass er einen gelben Stern trägt, sagt meine Mutter." (Z. 7 f.)

5 Die Mutter des Ich-Erzählers lebt zur Zeit des Zweiten Weltkriegs, was man am Thema Judenverfolgung (vgl. Z. 28 f.) und der Kennzeichnung von Juden durch einen gelben Stern an der Kleidung (vgl. Z. 7) erkennen kann. Die Frau hat mindestens ein Kind, das noch sehr jung ist, da es die Geschehnisse noch nicht begreifen und einordnen kann (vgl. Z. 4 f., Z. 22, Z. 32). Über den Verbleib des Partners der Frau erfährt der Leser nichts. Die Mutter des Ich-Erzählers hat offensichtlich keine Vorurteile gegenüber Juden, denn für sie besteht der einzige Unterschied zu ihnen darin, dass sie einen gelben Stern tragen müssen (vgl. Z. 7). Zudem pflegt sie Kontakt zu ihrer jüdischen Freundin Lucie Mannheimer und versorgt diese mit Nahrungsmitteln (vgl. Z. 14 ff.), was darauf hindeutet, dass sie eine hilfsbereite Person ist. Sie ist sich dabei durchaus der Gefahr bewusst, der sie sich aussetzt, was man daran erkennt, dass sie es nur wagt, sich im Flüsterton mit ihrer Freundin zu unterhalten (vgl. Z. 18 f.). Trotzdem zeigt sie sich mutig, als der Mann im Treppenhaus ihr von der Deportation Lucie Mannheimers berichtet (vgl. Z. 26 – 30), und verleugnet ihre jüdische Freundin nicht. Die Mutter scheint eine offene, liebevolle, gefühlvolle Person zu sein, da sie ihre Freundin umarmt (vgl. Z. 19 f.) und weint, als sie von deren Deportation erfährt (vgl. Z. 33). Das Weinen zeigt, wie sehr sie mit ihrer Freundin fühlt und um sie trauert. Zudem kann man daran erkennen, dass sie ahnt, welches Schicksal Lucie Mannheimer bevorsteht. Trotzdem möchte sie diese Sorgen von ihrem Kind fernhalten und es nicht belasten, weshalb sie ihm die Umstände der Deportation nicht erklärt und sich unwissend gibt (vgl. Z. 32).

D 2.9 Erörterungsaufgaben

Seite 82

1 Mögliche Lösung:
SCHÖN BIS IN DEN TOD – MAGERSÜCHTIG DURCH INSTAGRAM

Auf sozialen Plattformen hat sich ein gefährlicher Trend entwickelt. Es gilt: **Je dünner, desto schöner!** Und so fühlen sich viele Jugendliche durch ihre Vorbilder aus dem Netz dazu animiert, diesen Magertrend mitzumachen, der immer wieder in der Krankheit Anorexie (Magersucht) endet.

Wusstest du schon?
- Zehn Prozent aller Magersüchtigen sterben an den Folgen der Krankheit.
- Jahrelanges Hungern kann zum Tod führen.

- Auch dauerhafte Folgeschäden, wie z. B. Knochenschwund, Unterfunktion der Geschlechtsdrüsen, irreparable Organschäden usw., können durch Magersucht entstehen.

DER PREIS FÜR DIESES SCHÖNHEITSIDEAL IST ZU HOCH! DU HAST NUR EIN LEBEN!
Deshalb: Akzeptiere dich so, wie du bist!
Jeder Mensch ist anders und gerade das macht jeden Einzelnen von uns aus!
Instagram sollte dich inspirieren und nicht zu einer Krankheit motivieren. Deshalb entfolge den Influencerinnen und Influencern, die dich krank machen!
Auf der Homepage www.stop.anorexie.de bekommst du weitere Informationen und kannst dir Hilfe holen.

Euer Schülerzeitungsteam

Seite 83

2 a) – Eigene Tochter ist an Anorexie erkrankt.
- Tochter orientiert sich an Influencer(inne)n auf Instagram und fühlt sich durch diese zum weiteren Abnehmen motiviert.
- Influencer(innen), die von Frau Müller kontaktiert wurden, reagierten nicht oder ablehnend.

Seite 84

b) – Instagram fördert Essstörungen durch die Beiträge bestimmter Influencer(innen).
- Recovery-Accounts werden teilweise dazu missbraucht, den Genesungsprozess zu verlangsamen oder gar zu verhindern.
- Das auf Instagram verbreitete Schönheitsideal zeigt schlanke, schöne Menschen, weshalb die Follower(innen) diesem Ideal nacheifern.
- Durch Recovery-Accounts erleiden junge Menschen, die bereits auf dem Weg der Besserung waren, teilweise einen Rückfall.

c) – stärkere Kontrolle der geposteten Beiträge
- Influencer(innen), die den Magerwahn vorantreiben, sollte man nach einer Verwarnung sperren.
- Die Betreiber der Webseite sollen Verantwortung übernehmen und versuchen, derartige Einflussnahme zu verhindern.
- Aufklärung betreiben, um Essstörungen zu vermeiden

3 individuelle Lösung (Stil: siehe Seite 85, Aufgabe 5)

Seite 85

4 a) – Eigene Tochter ist an Anorexie erkrankt und orientiert sich an Influencer(inne)n auf Instagram.
- will Wichtigkeit des Themas hervorheben, Lob aussprechen

b) – Förderung von Individualität, Schönheit sollte nicht an der Konfektionsgröße festgemacht werden (Z. 74 – 78)
- aufmerksam machen auf die Gefahr von Instagram und Influencer(inne)n in Bezug auf Essstörungen
- Darstellung von Essstörungen wie Anorexie als ernsthafte Krankheit

c) – Tipps, wie sich Angehörige verhalten können
- Anzeichen, an denen man eine Essstörung frühzeitig erkennen kann
- Tipps für Beratungsstellen

d) – Influencer(innen) auf schädliche Posts aufmerksam machen
- mehr Aufklärung, z. B. in sozialen Netzwerken oder an Schulen
- Thema häufiger aufgreifen, damit es präsent bleibt

5 Mögliche Lösung:

Sehr geehrte Damen und Herren,
in Ihrer Ausgabe vom 29.07.2019 war eine Reportage von Jana Rudolf mit dem Titel „Instagram hat Maren magersüchtig gemacht – so hat sie sich befreit“ abgedruckt, in der über ein magersüchtiges Mädchen berichtet wurde, das erst durch Instagram krank wurde. Da auch ich Mutter einer an Anorexie erkrankten Tochter bin, die sich immer wieder auf Instagram Ideen zum weiteren Abnehmen holt und sich gemeinsam mit anderen Mädchen dort zum Abnehmen motiviert, kenne ich die dargestellte Problematik leider nur allzu gut.
Ich finde es immens wichtig, dass über dieses Thema berichtet wird und der Zusammenhang zwischen Magersucht und sozialen Netzwerken wie Instagram hergestellt wurde, da derartige Plattformen heutzutage einen nicht unerheblichen Anteil an der Krankheitsentwicklung sowie Einfluss auf den Krankheitsverlauf haben. Aus diesem Grund bin ich auch der Meinung, dass man mehr gegen diese Entwicklung unternehmen sollte.
Meines Erachtens sollten die Betreiber der Webseiten mehr Verantwortung für die verbreiteten Inhalte übernehmen und diese stärker kontrollieren, um gefährdende Einflüsse jeglicher Art zu unterbinden. Man könnte z. B. Influencer(innen), die manchmal gar nicht ahnen, dass sie Auslöser von Krankheiten wie Anorexie sein können, darauf hinweisen, dass ihre Beiträge besonders junge Mädchen zum gesundheitsgefährdenden Abnehmen animieren und immer wieder zu einer Essstörung führen. Sollten die Influencer(innen) die Inhalte daraufhin nicht ändern, könnte man z. B. den Account zeitweise sperren. Sollte diese Warnung ignoriert und keine Einsicht gezeigt werden, wäre meines Erachtens eine dauerhafte Löschung des Kontos eine gute Konsequenz. Ich denke, dass in vielen Fällen eine Verhaltensänderung der Influencer(innen) nur durch ein konsequentes Durchgreifen der Webseitenbetreiber möglich ist.
Ich hoffe, die Reportage hat viele Menschen auf die problematische Verknüpfung zwischen sozialen Netzwerken und Essstörungen aufmerksam gemacht und sie kann einige Menschen zum Umdenken oder alternativen Handeln bewegen.

Mit freundlichen Grüßen
Evy Müller

D 2.10 Kreative Produktionsaufgaben

Seite 87

1
- Der erste Teil des Briefes passt nicht zur Aufgabenstellung. Die Beobachtungen des Kindes stammen von dem Besuch zwei Wochen vor der Deportation
- Der Satzbau ist teilweise sehr einfach: Aneinanderreihung kurzer Hauptsätze.
- Die Aufgabe, Gefühle darzustellen, wurde zu oberflächlich behandelt.
- Das Ende wirkt zusammenhanglos und zu abrupt.

2 Mögliche Lösung:

Liebe Doris,
heute schreibe ich dir aus einem traurigen Anlass. Mir fehlen eigentlich die Worte für das Geschehene.
Ich habe mich heute Vormittag, wie so oft, mit meinem kleinen Leopold auf den Weg zu Lucie gemacht, um ihr etwas zu essen zu bringen. Sie konnte die letzten Monate selbst ja nicht mehr aus dem Haus, die Gefahr war einfach zu groß. Als wir bei ihr ankamen, hat sie auf mein Klopfen nicht reagiert. Ich brach fast zusammen, als ein Mann die Treppe heraufkam und mir erzählte, dass man die Juden abgeholt hatte und sie nun dort seien, wo sie hingehörten. Mir wurde ganz schwindelig und ich dachte, ich werde ohnmächtig.
Ich hatte nicht einmal mehr die Kraft, dem Judenhasser etwas zu entgegnen. Zumindest das wäre ich Lucie schuldig gewesen! Wegen solchen Menschen wie dem passiert dieser ganze Wahnsinn ja. Jetzt haben sie Lucie also auch mitgenommen. Ich habe jeden Abend dafür gebetet, dass sie sie vergessen. Vielleicht hätte ich mehr tun sollen, ein sicheres Versteck für sie finden müssen. Aber jetzt ist es zu spät. Jetzt kann ich nichts mehr ändern. Ich hoffe so sehr, dass es ihr irgendwie gelingt zu überleben. Aber ich weiß ja, dass bisher niemand zurückgekommen ist. Es ist unfassbar, dass sie nicht mehr hier ist. Ich kann nur noch weinen und weinen. Das Bewusstsein, dass ich sie wahrscheinlich nie wieder sehen werde, macht mich unfassbar traurig. Sie war doch so ein guter Mensch!
Es ist schlimm, dass ich dir diese Nachricht heute mitteile, aber du bist die Einzige, mit der ich darüber sprechen kann. Ich wünschte, du wärst hier und wir könnten uns trösten. Vielleicht kannst du bald mal nach Berlin kommen. Ich würde mich so über ein Treffen freuen!

Es grüßt dich
Deine Anne

Seite 88

3
- Erlebte Situation: jüdische Freundin wurde deportiert, Reaktion des Mannes (Lachen und Befürwortung)
- Gedanken und Gefühle: Fassungslosigkeit, Hilflosigkeit, Trauer, Wut
- Mögliche Verhaltensänderung: mehr Mut zeigen, eigene Meinung aussprechen, anderen helfen oder weiterhin vorsichtig gegenüber anderen sein
- Wünsche und Hoffnungen: Ende des Krieges und der Judenverfolgung, Überleben der Freundin, Hoffnung auf Wiedersehen mit der Freundin

Seite 89

4 individuelle Lösung

5
- vor Kälte zittern, bibbern
- allen Mut zusammennehmen, verlieren
- in Tränen ausbrechen
- mit den Zähnen knirschen, klappern
- vor Freude jubeln, weinen, jauchzen
- aus vollem Halse brüllen, schreien
- sich vor Schmerzen winden, krümmen
- vor Angst zittern, erstarren
- nach Luft ringen, schnappen
- auf dem Absatz kehrtmachen

Seite 90

6

	Ausdrucksstarke Formulierungen
stark zittern	wie Espenlaub zittern
sehr ärgern	sich grün und blau ärgern
faulenzen	auf der faulen Haut liegen
Schwierigkeiten bekommen	in Teufels Küche geraten
wütend sein	vor Wut kochen
sehr lachen	sich vor Lachen biegen
überrascht sein	aus allen Wolken fallen
Glück wünschen	die Daumen drücken

7

Hören	Schritte auf der Treppe, Klopfen an der Tür, Türenschlagen in anderen Wohnungen
Sehen	düsterer Treppenaufgang, abblätternde Farbe an der Tür
Schmecken	trockener Mund
Riechen	modriger Geruch
Tasten	schweißnasse und klebrige Hände, Angstschweiß
Fühlen	Herzklopfen, schneller Herzschlag, mulmiges Gefühl im Bauch, Hämmern im Kopf, Kloß im Hals

8 Mögliche Lösung:
Ich stehe vor Lucies Tür, das dumpfe Klopfen meiner eigenen Schläge gegen die alte, morsche Tür hallt in meinem Kopf wider. Wieso öffnet sie denn nicht? Aus der Wohnung ist kein Laut zu hören. Wie durch Watte dringt Leopolds Stimme an meine Ohren: „Wieso macht uns Lucie denn nicht auf?" „Ich weiß es nicht", flüstere ich, als ich plötzlich Schritte auf der Treppe wahrnehme. Ein großer, massiger Mann steht auf einmal vor uns und fragt, wohin wir wollten. Als er sagt, dass Lucie abgeholt wurde, beginnt sich alles in meinem Kopf zu drehen. Mein Herz fängt an zu rasen. Was hat er da gerade gesagt? Mir steigen Tränen in die Augen und mein Mund ist staubtrocken, ich kann kaum noch schlucken. Sie wurde abgeholt. Ich kann

es nicht fassen. Meine schweißnasse Hand krallt sich am Türknauf fest, als ob ich die Tür dadurch öffnen und alles rückgängig machen könnte. Wie aus weiter Ferne höre ich das Lachen des Mannes, doch bevor ich etwas sagen kann, ist er verschwunden. Lucie wurde abgeholt, hämmert es in meinem Kopf. Lucie wurde abgeholt. Der modrige Geruch in dem düsteren, fensterlosen Treppenhaus schnürt mir die Luft ab. Ich muss hier raus! Ich greife nach Leopolds kleiner, warmer Hand und versuche, mich zu beherrschen. Langsam setze ich einen Schritt vor den anderen und steige wie ferngesteuert die ausgetretenen Stufen hinunter. Unten angekommen atme ich erst einmal tief ein und spüre, wie die frische, warme Luft meine Lungen durchströmt. Lucie wurde abgeholt. Es bricht aus mir heraus, in kleinen Bächen fließen salzige Tränen über meine Wangen. Die Stimme meines Sohnes holt mich in die Realität zurück: „Wo gehören die Juden denn hin?“ „Ich weiß es nicht“, antworte ich mit belegter Stimme.

Seite 91

9 Mögliche Lösung:

a) Das Kind möchte eine Erklärung haben, wo Lucie Mannheimer nun ist.

b) – Auf dem Heimweg fragt der Ich-Erzähler seine Mutter aus, möchte Antworten.
- Kind macht sich Gedanken, weshalb die Juden Angst haben könnten.
- Mutter weiß nicht, was sie sagen soll. Sie weicht aus.
- Sie versucht, dem Kind eine Erklärung zu geben.
- Kind beschließt, dass es kein Nazi werden möchte.

c) einfache Sätze, einfache Wortwahl, keine Anführungszeichen bei wörtlicher Rede

10 individuelle Lösung

Seite 92

11 Mögliche Lösung:

Anne: Josef, ich bin so froh, dass du endlich kommst!
Josef: Was ist denn los, Anne? Was ist passiert?
Anne: Ich wollte Lucie heute etwas Suppe zu essen bringen und sie war nicht mehr da. Ein Mann, so ein Nazi, hat gesagt, dass sie die Juden abgeholt haben.
Josef (nimmt seine Frau in den Arm): O nein! Die arme Lucie! Das habe ich kommen sehen. Die arme Lucie! Hat er gesagt, wohin sie sie gebracht haben?
Anne: Nein, nichts. Nur dass die Juden jetzt dort sind, wo sie hingehören.
Josef: Das hört sich nicht gut an. Arme Lucie! Hast du die Fassung behalten? Ich hoffe, du hast dir vor dem Mann nichts anmerken lassen.
Anne: Nein, ich habe nichts gesagt. Obwohl ich es gern getan hätte!
Josef: Gott sei Dank hast du das nicht getan! Anne, du weißt, in was für einer Zeit wir leben! Du musst dich zurückhalten, sonst sind wir die Nächsten, die sie holen. Denk an unser Kind! Dafür musst du stark bleiben.
Anne: Das weiß ich ja. Aber trotzdem denke ich, dass man sich nicht alles gefallen lassen sollte. Wenn es mehr Menschen gäbe, die so denken wie wir, dann könnten wir auch etwas bewirken. Dann hätten sie Lucie nicht geholt.
Josef: Es ist schrecklich, dass Lucie nicht mehr da ist. Du weißt, wie gern ich sie mochte, und ich hoffe, dass es ihr irgendwie gelingt zu überleben. Aber Lucie hat immer gesagt, dass du dich und das Kind nicht in Gefahr bringen sollst. Deshalb musst du dich ruhig verhalten.
Anne: Ich weiß. Aber trotzdem kann man diesem Wahnsinn nicht länger zusehen. Wer weiß, was ihnen sonst noch einfällt.
Josef: Die Gegner sind auf dem Vormarsch, man hört es immer wieder. Es wird nicht ewig so weitergehen. Wir brauchen nur Geduld. Wir müssen uns so lange unauffällig verhalten, für Leopold. Er ist doch noch so klein, denk nur, was mit ihm ohne uns passieren würde!
Anne: Mach dir keine Sorgen, ich sage schon nichts.
Josef: Versprich es mir! Ich kenne dich, du kannst solche Ungerechtigkeiten nur schwer herunterschlucken.
Anne: Ich werde mich zusammennehmen und durchhalten, für Leopold und für Lucie!

12 Mögliche Lösung (Anfang: siehe Buch, Seite 92):
... Ich hätte es wissen und verhindern müssen! Wieso habe ich nichts gemacht? Lucie, es tut mir so leid! Aber vielleicht gelingt es ihr ja zu überleben? Lucie hat schon viel durchgemacht und sich nicht unterkriegen lassen. Vielleicht kommt sie zurück. Vielleicht ... Aber nein, ich darf mir nichts vormachen. Lucie wird nicht mehr zurückkommen. Nie wieder! Und ich habe ihr nicht geholfen. Ich hätte mich besser umhören sollen, hätte versuchen sollen, einen Unterschlupf für sie zu finden, in dem sie sicher gewesen wäre. Aber ich war zu feige. Hatte Angst um mich selbst, meinen Mann, mein Kind. Aber Leopold, ich hätte doch den kleinen Leopold nicht in Gefahr bringen dürfen. Nein, es wäre zu gefährlich gewesen. Lucie, ich hoffe du kannst mir verzeihen! Aber wie konnte es nur so weit kommen? Wie können sich ein Land und seine Menschen so verändern? Das sind doch keine Menschen, die andere so behandeln, so behandelt man doch nicht mal Tiere! Die gehören selbst in diese Lager, die gehören weggesperrt, nicht die Juden oder sonst wer. Diese Nazis sollte man foltern, die hätten es verdient, damit ihnen bewusst wird, welche Qualen sie anderen Menschen zufügen. Aber für die sind die Juden ja keine Menschen. Es ist so ungerecht! Warum unternimmt keiner was?

D 2.11 Den textgebundenen Aufsatz abrunden: Der Schlussteil

Seite 93

1 **T 1:** „Instagram hat Maren magersüchtig gemacht“
<u>positiv</u>:
- Durch den szenischen Einstieg (Z. 1 – 5) kann man sich das zwanghafte Verhalten Marens gut vorstellen.
- Überzeugungskraft erhält die Reportage durch die Aussagen der Expertinnen (Z. 15 – 28, Z. 38 – 44).

- Durch die Darstellung eines konkreten Beispiels wirkt der Text sehr überzeugend und glaubhaft.
- Aktualität des Themas
- wichtige Thematik, die viele junge Leute betrifft

negativ:
- Leider erfährt man nicht, ob Maren die Krankheit dauerhaft hinter sich gelassen hat.
- Mehr Zahlen und Hintergrundinformationen zum Thema wären wünschenswert gewesen.

T 2: „Berlin, Gormannstraße"

positiv:
- interessante Perspektive eines Kindes
- einfacher Sprachstil, reduziert den Inhalt auf die wesentlichen Aussagen, passt gut zur Thematik
- Normalität des Geschehens (Judenhass, Angst der Juden, Deportation) wird gut vermittelt.

negativ:
- Fehlen der Anführungszeichen bei den wörtlichen Reden ist anfangs sehr ungewohnt.
- Fehlende Reaktion der Mutter auf die antisemitischen Äußerungen des Mannes auf der Treppe ist enttäuschend (Z. 28 ff.).

2 Mögliche Lösung:

T 1: Die Reportage „Instagram hat Maren magersüchtig gemacht" hat mir gut gefallen, da ich die Thematik „Essstörungen" sehr interessant finde und der Text durch die Äußerungen unterschiedlicher Expertinnen (Z. 15 – 28, Z. 38 – 44) sehr überzeugend und gut recherchiert wirkt. Zudem ist es wichtig, junge Menschen über derartige Krankheiten aufzuklären, da diese von den Betroffenen immer wieder heruntergespielt und nicht als Problem wahrgenommen werden. Das Thema ist meines Erachtens sehr aktuell, weil soziale Netzwerke wie Instagram gerade unter Jugendlichen sehr beliebt sind und man sich in diesem Alter sehr stark an Vorbildern wie Influencer(inne)n orientiert. Allerdings wusste ich nicht, dass Essstörungen durch derartige Plattformen begünstigt werden können oder dass der Genesungsprozess durch Recovery-Accounts im schlimmsten Falle sogar verhindert werden kann. Ich finde, dieser Entwicklung muss man entgegenwirken, die Accounts stärker kontrollieren und fragwürdige Posts löschen oder die Influencer(innen) darauf aufmerksam machen, welchen Schaden sie durch ihre Äußerungen anrichten können.

T 2: Mir hat die Kurzgeschichte insgesamt gut gefallen, da ich es wichtig finde, heute noch Texte über die Naziverbrechen zu lesen, um diese grausame, für unser Land sehr prägende Zeit nicht zu vergessen oder zu verdrängen. Über die Deportation Lucie Mannheimers wird so natürlich und emotionsarm berichtet, dass man das Gefühl bekommt, es handelt sich nicht um ein tragisches Einzelschicksal, sondern gehörte in der damaligen Zeit zur alltäglichen Normalität. Zudem fand ich die Erzählperspektive aus Sicht eines Kindes sehr interessant, da es viele auf den ersten Blick einfache Fragen stellt, welche sich jedoch als existenzielle Fragestellungen entpuppen (Z. 32). Die Mutter findet keine kindgerechten Antworten, da es auf diese Fragen grundsätzlich keine plausiblen Antworten gibt. Zudem hat mir der kaum ausgeschmückte Sprachstil gefallen (Z. 7 ff.), der den Inhalt auf wesentliche Aussagen reduziert, was ich bei solch einem traurigen Thema sehr passend finde.

D 3 Einen vollständigen TGA verfassen

Seite 96

Aufsatzbeispiel zum Text „Ein Mann verlängert Bäumen das Leben"

Einleitung:

Die Reportage „Ein Mann verlängert Bäumen das Leben" wurde von Sandra Dassler verfasst und erschien in der Zeitung „Der Tagesspiegel" am 23. September 2018. Die Autorin ist als Lokalredakteurin für den Tagesspiegel vor allem in Brandenburg tätig. In dem vorliegenden Text stellt sie einen Baumpfleger vor, der sich um alte, kranke Bäume kümmert und sie möglichst lange am Leben erhalten möchte.

Hauptteil:

Im Vorspann (Z. 1 – 6) der Reportage ordnet die Autorin Sandra Dassler das Thema „Baumpflege" in Form eines Zitates ein, das deutlich macht, dass es Menschen gibt, die Bäume auf dieselbe Ebene wie Menschen stellen und ihnen dadurch Gefühle, ein Gedächtnis oder auch Familiensinn einräumen. Im Anschluss daran (Z. 7 – 16) stellt die Reporterin den in der Überschrift erwähnten Baumpfleger vor, indem sie ihn begleitet und seine Tätigkeiten beschreibt, als er sich im Kiefernwald eines Kunden um einige kranke Bäume kümmert. Damit verbunden führt Dassler im nächsten Sinnabschnitt (Z. 17 – 29) den Werdegang des Mannes aus und geht detailliert auf die Anforderungen für sein Berufsbild ein. Im folgenden Sinnabschnitt (Z. 30 – 42) verweist die Verfasserin auf die aktuelle Schadenslage in den Wäldern Brandenburgs: Mehrere größere Stürme haben in den letzten Jahren viele Bäume zerstört und der Klimawandel hat die Umweltbedingungen der Wälder verändert. Im vierten Sinnabschnitt (Z. 43 – 56) wird durch die wissenschaftliche Äußerung des Leiters des Landeskompetenzzentrums Forst die Dringlichkeit des Wahrnehmens der Schäden erklärt und darauf aufmerksam gemacht, dass es nicht unbedingt nur von Vorteil ist, wenn es im Wald auffällig gut duftet. Der Schluss (Z. 57 – 67) geht durch die Zitate von Heiko Mehnert ganz konkret auf den Umgang mit den anstrengenden Anforderungen seines Berufs ein und erläutert, wie der Baumpfleger diesen entgegentritt. Der Schlussgedanke nimmt das Zitat vom Textanfang auf, indem Mehnert dazu Stellung nimmt und die Quelle des Zitats erwähnt.

Bei der sprachlichen Analyse des Textes fällt zunächst auf, dass der Artikel der Autorin Sandra Dassler in Alltagssprache verfasst ist und einige Fremdwörter („extrem[...]", Z. 1, „spezielle", Z. 2, sowie „Phänomen", Z. 10) enthält. Der Text ist dadurch für eine breite Leserschaft verständlich, zeigt aber auch die Kompetenz der Verfasserin. Da sie auch Fachbegriffe („Borke", Z. 8, und „Monokulturen", Z. 32) aufnimmt, wird die ausführliche Recherchearbeit und die Kompetenz der interviewten Personen

zum Ausdruck gebracht. Die Verwendung von lebendigen und anschaulichen Adjektiven und Verben („zärtlich“, Z. 7, und „rascheln“, Z. 9) sichert eine intensive, realistische Darstellung. Umgangssprachliche Äußerungen („in dünnen Fetzen“, Z. 8 f., und „den Rest geben“, Z. 56) weisen auf Emotionalität hin.
Mit dem überwiegend parataktischen Satzbau ist die Thematik meist kurz und prägnant angesprochen und gut verständlich. Einige Satzreihen (vgl. z. B. Z. 12 ff.), lassen die geschilderten Fakten ernüchternd und bedrückend wirken, wodurch die Autorin die emotionale Aufgebrachtheit des Baumpflegers sowie die drastische wissenschaftliche Erkenntnis (vgl. Z. 53 – 56) verdeutlicht. Ellipsen in wörtlichen Reden betonen neben inhaltlichen Aspekten vor allem Emotionalität, z. B. „Der Altweibersommer.“ (Z. 65).
Die überwiegend in Aussagen formulierten Sätze (vgl. Z. 31 – 36) stellen die sachliche Problematik des Themas dar. Sandra Dasslers Anliegen, das Thema realitätsnah und reflektiert vorzustellen, wird durch verschiedene Stilmittel unterstrichen. Vor allem das häufige Verwenden von direkter (vgl. Z. 12 oder 65 ff.) und indirekter (vgl. Z. 31 f.) Rede zeigt die ausführliche Recherche der Autorin vor Ort.
Durch die Wiederholung von Satzteilen (z. B. „Leider wird das eine Übel [...] nicht durch das andere Übel ausgeglichen“, Z. 38 f.) werden Einzelaspekte hervorgehoben, genauer betrachtet und das nachdenkliche Reflektieren über die Gründe des schlechten Zustandes der Bäume betont.
Parenthesen heben durch die Unterbrechung des Redeflusses, z. B. „Wir hatten – vor allem im Süden des Landes – fast sechs Monate hochsommerliche Hitze“ (Z. 47 f.), die Wichtigkeit der Äußerung hervor. Darüber hinaus veranschaulicht der Vergleich „Wie Pergamentpapier rascheln diese im Wind“ (Z. 9) den Zustand der geschädigten Bäume und verstärkt den gewünschten emotionalen Eindruck.
Wichtige Fakten hebt die Autorin durch Aufzählungen hervor, z. B. „Kiefern, Birken, Eichen leiden“ (Z. 1) oder „20, 30, manchmal 40 Meter“ (Z. 22). Schließlich zeigen Personifikationen wie „‚dass Bäume Schmerz empfinden“ (Z. 4) oder „Dass Bäume [...] kommunizieren“ (Z. 51), dass diese Pflanzen auf dieselbe Ebene wie Menschen gestellt werden.

Der Beitrag „Ein Mann verlängert Bäumen das Leben“ ist eine Reportage, was sich anhand zahlreicher Beispiele belegen lässt. Zunächst charakterisiert den Textbeginn besondere Lebendigkeit und eine konkret dargestellte Situation, denn die Autorin und der Baumpfleger treffen sich in einem Waldstück eines Kunden (vgl. Z. 1 – 16). Neben weiteren subjektiv-schildernden Passagen (vgl. Z. 64 f.) lassen sich auch sachlich-informierende Textteile z. B. durch die Aussagen der interviewten Experten (vgl. Z. 47 – 50) finden. Zudem werden wertende Meinungsäußerungen der Verfasserin (z. B. „Leider wird das eine Übel [...] nicht durch das andere Übel [...] ausgeglichen“, Z. 38 f.), die die Verurteilung der Einstellung der Behörden widerspiegeln, deutlich. Perspektivenwechsel durch die Befragung von Experten und Betroffenen (vgl. Z. 12 – 16) zeigen die gründliche Recherche vor Ort, was ein weiterer Hinweis auf eine Reportage ist. Auch ein Wechsel der Zeitstufen ist auffallend, bei dem das Präsens für allgemeingültige Aussagen oder gegenwärtiges Geschehen (vgl. Z. 12) verwendet und vergangene Geschehnisse (vgl. Z. 47 f.) im Präteritum dargestellt werden. Abschließend lässt sich noch die Verwendung unterschiedlicher Sprachebenen feststellen, was erneut auf eine Reportage schließen lässt

<u>Beispiel für eine Stellungnahme:</u>
In Japan gilt „Waldbaden“ als Gesundheitsvorsorge und wird auch in Therapien eingesetzt. Glücklicherweise haben wir in Europa die meisten Wälder direkt vor der eigenen Haustür und müssen so, um diesen japanischen Trend ausprobieren zu können, nicht weit gehen. Fast alle werden den wohltuenden Aspekt des Spazierengehens schon einmal am eigenen Leib erfahren haben und, so denke ich, auch die positiven Folgen des Waldspazierengehens nachvollziehen können.
Der Genuss von Natur in Form von Waldbaden senkt das Stressaufkommen, denn durch Aufenthalte in Wäldern wird der hektisierte Stadtmensch nachweislich ruhiger. Dadurch, dass sich der Waldbesucher weit weg vom Alltag befindet und nicht mehr die Stadt und dessen Lärm wahrnimmt, sondern den Wald, wird er aufnahmefähig für leise Geräusche und verlangsamt automatisch sein Tempo. Bei Menschen, die achtsam durch den Wald spazieren, wird die Aufmerksamkeit geschult, ihnen wird ihr Handeln bewusst und sie entschleunigen.
Ein Aufenthalt im Wald, der eine gewisse Zeit andauern sollte und bei dem es nicht auf die zurückgelegten Kilometer, sondern vielmehr auf die im Wald verbrachte Zeit ankommt, stärkt das Immunsystem. Durch das genaue Betrachten von unterschiedlichen Naturerscheinungen im Wald, die Konzentration auf die Geräusche, die durch das Laufen hervorgerufen werden, oder das sehr bewusste Wahrnehmen der unterschiedlichen Gerüche sinken der Blutdruck und die Pulsfrequenz, was sich positiv auf das Hormon- und Immunsystem auswirkt. Waldbadende berichten, dass sie sich danach nicht nur erfrischt und entspannt fühlen, sondern auch dass sie seltener krank sind bzw. dass sich ihr Bedarf an Medikamenten verringere.
Es sollte klar geworden sein, dass das Waldbaden durchweg positiv und für sehr viele Menschen, auch in abgeschwächter Form oder in anderer Umgebung, beispielsweise durch einen Spaziergang durch einen Park oder entlang eines Flusses, leicht durchführbar ist.

<u>Beispiel für den Beginn einer Schilderung:</u>
Altweibersommer. Wenn die Tautropfen am Morgen in den Spinnweben hängen und von der tief stehenden Sonne in zauberhaftem Licht angestrahlt werden, dann ist beim Eintauchen in das kleine Waldstück am Stadtrand „Tief durchatmen. Ganz tief!“ mein erster Gedanke. Einfach nur für eine Stunde raus und hinein in die Erholung. Nach den ersten Schritten kann ich meine Umgebung, die hohen, dunkelgrünen Nadelbäume und die umgekippten, brüchigen Stämme bewusst wahrnehmen. Ich merke, wie meine Füße auf dem Waldboden, der mit Tannennadeln, Moos und weicher Erde bedeckt ist, federn, teilweise sinke ich sogar ein und genieße dieses angenehme, lautlose Vorankommen im Vergleich zu dem sonst täglich gewohnten harten Asphalt in der Stadt. Langsam füllen

sich meine Lungen mit der herrlich duftenden Waldluft und ich beginne, mich zu entspannen. Ich blicke nach oben in die Baumkronen, wo sich Sonnenstrahlen Platz verschaffen und durch dichte Nadelzweige bis in mein Gesicht scheinen. ...

Schluss:
Die Reportage „Ein Mann verlängert Bäumen das Leben" von Sandra Dassler hat mir sehr gut gefallen, da es sich um eine aktuelle Thematik handelt, die nicht nur Brandenburg, sondern auch andere Gebiete in Deutschland bzw. Europa betrifft. In diesem Sommer konnte man den Schlagzeilen des Öfteren entnehmen, dass die trockenen Wetterperioden sehr lang angedauert haben und vor allem unterschiedliche Pflanzen unter diesen Klimaveränderungen zu leiden hatten. Interessant für mich ist dabei, dass es Menschen gibt, die in ihrem Beruf sehr flexibel reagieren und nicht nur auf die schlechten Zustände oder die Veränderungen in der Natur aufmerksam machen bzw. sich beschweren, sondern sich aktiv für ein positives Resultat einsetzen. Es gelingt der Verfasserin sehr gut, die bedrückende Stimmung einzufangen, aber auch verschiedene Perspektiven zu diesem Thema aufzubereiten. Da verschiedene Experten zu Wort kommen, kann man sich eine umfassendes Bild zu diesem Thema machen. Ein ganz besonderer Aspekt, den ich so noch nie bedacht habe, ist durch das Zitat (vgl. Z. 4 ff.) am Anfang der Reportage vorgestellt worden. Dass man Bäumen Gefühle zuschreibt oder sie schwitzen (vgl. Z. 53 ff.), war mir völlig neu. Aus diesen Gründen finde ich den Text für Erwachsene und Jugendliche sehr ansprechend und so stellt er sicher eine gute Diskussionsgrundlage her.

E Original-Prüfungsaufgaben 2021

Aufgabengruppe A: Erörterung

E 1 Erörterung mit Informationsmaterial: Thema 6: In vielen Berufen gibt es die Möglichkeit zum Homeoffice. Erörtern Sie die Vorteile und mögliche Probleme.

Seite 99
(Die folgende Lösung ist ein Lösungsvorschlag und keine amtliche Lösung.)

Gliederung
A Immer mehr Unternehmen ermöglichen ihren Mitarbeitern das Arbeiten im Homeoffice.

B Welche Vorteile und möglichen Probleme entstehen beim Arbeiten im Homeoffice?
1 Vorteile des Arbeitens im Homeoffice
1.1 Für den Arbeitgeber
1.1.1 Kostenersparnis
1.1.2 Steigerung der Attraktivität des Unternehmens
1.2 Für den Arbeitnehmer
1.2.1 Flexiblere Arbeitszeiten
1.2.2 Angenehme Arbeitsatmosphäre
1.3 Geringe Umweltbelastung
2 Probleme des Arbeitens im Homeoffice
2.1 Für den Arbeitgeber
2.1.1 Erschwerte Mitarbeiterkontrolle
2.1.2 Mangelnde Datensicherheit
2.1.3 Kostenaufwand zur Gewährleistung der Mitarbeiterkommunikation
2.2 Für den Arbeitnehmer
2.2.1 Mangelnde technische Infrastruktur
2.2.2 Gefahr der Verschmelzung von Berufs- und Privatleben
2.2.3 Verleiten zu ungesundem Lebenswandel

C Die Arbeit im Homeoffice sollte sowohl von Unternehmer- und als auch von Mitarbeiterseite gründlich geregelt werden.

Ausarbeitung
(Hinweis: Die in der Beispiellösung eingeflochtenen Buchstaben und Zahlen „[A]", „[1], „[1.2]" usw. dienen lediglich der Anknüpfung an die oben stehende Beispielgliederung. In der Klausurschrift müssen sie nicht mehr auftauchen.)

[A] Nicht erst durch die Notwendigkeit in Zeiten der Coronapandemie, in der Beschäftigte vermehrt von zu Hause aus anfallende Arbeit erledigen mussten, sondern bereits seit Jahren steigt die Zahl derer, die vom Homeoffice aus arbeiten. Während bei einer Unternehmensumfrage 2014 nur 22 % der Befragten angaben, im Homeoffice zu arbeiten, waren es 2018 bereits 39 % (vgl. Material 1). Da sich diese Art der Arbeit nicht für alle als optimal erweist, sollen im Folgenden neben den Vorteilen des Arbeitens im Homeoffice auch mögliche Probleme erörtert werden.

[B; 1/1.1/1.1.1] Für Unternehmen ergeben sich durch Telearbeit einige Vorteile. Ein wichtiger Faktor dürfte die Kostenersparnis sein, denn dadurch, dass der Arbeitnehmer Ressourcen zu Hause in Anspruch nimmt, verursacht er im Büro weniger finanziellen Aufwand: „Geringerer Platzbedarf, niedrigere Ausgaben für Strom, Wasser und andere Fixkosten, weniger Fahrtkostenzuschüsse – seitdem wir Telearbeit anbieten, sparen wir Geld" (Material 6). Diese Aussage eines Arbeitgebers konkretisiert die These und zeigt, dass die eingesparten Kosten ein weites Feld betreffen und sicher auch in Zukunft große Beachtung finden werden.
[1.1.2] Ein weiterer wichtiger Punkt in Bezug auf die Vorteile für Arbeitgeber ist die Chance der Attraktivitätssteigerung des Unternehmens, und zwar in zweierlei Hinsicht. Einerseits können durch das Angebot des Arbeitens im Homeoffice qualifizierte Mitarbeiter längerfristig an das Unternehmen gebunden werden, andererseits ist es bei dauerhaftem Homeoffice leichter, unabhängig vom Firmenstandort auch deutschlandweit Personal anzuwerben. So können beispielsweise Fachkräfte, deren Lebensmittelpunkt der Norden von Deutschland ist, angeheuert werden, auch wenn sich der Firmensitz im Süden befindet. Auf der anderen Seite kann Frauen wie Männern nach der Familiengründung angeboten werden,

von zu Hause zu arbeiten (vgl. Material 6), was für das Unternehmen die Erhaltung qualifizierter und eingearbeiteter Mitarbeiter bedeutet. Dadurch wird deutlich, welch Gewinn das Angebot von Homeoffice für Unternehmen darstellen kann.

[1.2/1.2.1] Neben den Arbeitgebern profitieren auch die Angestellten davon, ihre Arbeit „aus dem privaten Umfeld heraus ausführen" zu können (Material 2). Viele schätzen besonders „die flexiblen Arbeitszeiten und -orte", da so „die Belange des Familienlebens [...] besser in den Alltag integriert" (Material 3) oder private Termine leichter eingehalten werden können (vgl. Material 9). Muss etwa der Termin eines Handwerkers wahrgenommen oder das Ablesen des Stromzählers organisiert werden, so kann der Arbeitnehmer, ohne Urlaub nehmen zu müssen, diesen Verabredungen nachkommen. Das verursacht weniger Stress und Termindruck, was mehreren Seiten zugutekommt.
[1.2.2] Das zeigt sich auch in dem nachfolgend ausgeführten Vorteil, dass zu Hause Arbeitende die angenehme Atmosphäre dort sehr schätzen. Diese vermag zu konzentrierterem Arbeiten als im Büro führen, was die Produktivität positiv beeinflusst und schlussendlich mehr Zufriedenheit hervorruft. So zeigen Studienergebnisse, „dass sich Berufstätige aus dem Homeoffice seltener krankmeldeten, weniger Pausen einlegten und weniger häufig kündigten, weil sie mit ihrer Arbeit zufriedener waren als die Vergleichsgruppe, die weiter ins Büro musste" (Material 3). Ebenso gaben „[k]napp drei Viertel der Befragten [..] an, zu Hause konzentrierter zu arbeiten" (ebd.). Die daraus entstehende höhere Produktivität ist somit für alle ein nicht zu unterschätzender positiver Faktor, der in Bezug auf die Arbeitssituation beachtet werden muss.

[1.3] Ein weiterer positiver Aspekt betrifft Umweltschutzfaktoren. Weil durch das Telearbeiten viele Wegstrecken zum Arbeitsplatz und wieder nach Hause eingespart werden, ist eine geringere Umweltbelastung festzustellen. Würden 20 % „der Erwerbstätigen in Deutschland einen Tag in der Woche von zu Hause aus arbeiten", könnten „1,7 Milliarden Kilogramm CO2 pro Jahr eingespart werden" (Material 3). Darüber hinaus entlasten die eingesparten gefahrenen Kilometer den Verkehr. Etliche Menschen müssten in der Rushhour ihre Zeit nicht mehr im Auto oder anderen Verkehrsmitteln verbringen und würden so für eine Entzerrung des Verkehrs und für ihr eigenes Wohlbefinden sorgen.

[2/2.1/2.1.1] Neben den bisher genannten positiven Erfahrungen in Bezug auf das Arbeiten im Homeoffice, ist auch die negative Seite durch unterschiedliche Aspekte zu beleuchten. Allen voran steht wohl für den Arbeitgeber das mit der selbstständigen Arbeitsweise verbundene Problem der fehlenden Mitarbeiterkontrolle. So ist die Einschätzung der Arbeitsleistung oder die Erfassung der Arbeitszeit der Mitarbeiter bedeutend schwerer, weil nicht gemeinsam im Büro gearbeitet wird. Der Arbeitgeber muss auf die Einhaltung der mit den Mitarbeitern vereinbarten Regeln vertrauen. „Vertrauen ist gut, Kontrolle ist schwierig, aber möglich. Das muss man eben lernen." (Aussage eines Arbeitgebers laut Material 6) Auch mit Abmachungen etwa zur An- und Abmeldung am Homeoffice-Arbeitsplatz (vgl. Material 10) ist eine absolut nachweisbare Kontrolle des Mitarbeiters nicht möglich, was bei einer geringen Vetrauensbasis zu Problemen im Arbeitsverhältnis führen kann und zeigt, dass Homeoffice problematisch und nicht für alle geeignet sein könnte.
[2.1.2] Ein weiteres Problem kann mangelnde Datensicherheit darstellenn. Beim Arbeiten im Homeoffice muss ständig sichergestellt sein, dass ausschließlich der Arbeitnehmer zu den personenbezogenen Daten, die im Rahmen seiner Arbeit von Bedeutung sind, Zugang hat. Aber weil die „Datensicherheit im Homeoffice oftmals unterschätzt" (Material 4) wird, ist es manchmal anderen Personen möglich, Zugriff auf zu schützende Daten zu bekommen. Es ist also von großer Bedeutung, dass der Arbeitgeber für Datenschutzvorkehrungen sorgt, sodass es nicht zu größeren datenschutzrechtlichen Problemen kommt.
[2.1.3] Auch in anderen Bereichen kann Telearbeit für den Arbeitgeber mit Kosten verbunden sein. Neben den datenschutzrechtlichen Einrichtungen muss ebenso eine reibungslose Kommunikation möglich und eine technisch einwandfreie Hardwareausstattung gewährleistet sein. Dies bedeutet, dass der Arbeitgeber in eine passende Ausstattung der Homeoffice-Arbeitsplätze investieren und „digitale Kommunikationstools" einsetzen muss, damit „Teambuildingmaßnahmen gegen die Isolation" (Material 10) möglich werden. Finanzielle Investitionen sind für den Arbeitgeber also unumgänglich, um einen reibungslosen Arbeitsablauf und die psychische Gesundheit seiner Angestellten sicherstellen zu können.

[2.2/2.2.1] Hinzu kommt, dass die technischen Voraussetzungen der Arbeitnehmer, je nach persönlicher Interessenslage, Wohnort und Empfangsmöglichkeit, sehr unterschiedlich sein können. Dass der Arbeitsplatz zu Hause mit einem großen Bildschirm, einer vernünftigen Tastatur und einem funktionstüchtigen Telefon ausgestattet ist, versteht sich von selbst, doch vor allem kann nur eine schnelle, stabile und sichere Internetverbindung für eine befriedigende Arbeitsatmosphäre sorgen. Darauf hat der Arbeitgeber in vielen Fällen keinen Einfluss, was das Arbeiten im Homeoffice sehr erschweren bzw. unmöglich machen kann.
[2.2.2] Des Weiteren sind für den Arbeitnehmer Probleme dahingehend zu beobachten, dass es schwierig werden kann, Privat- und Arbeitsleben zu trennen. Die bisher meist festen zeitlichen und räumlichen Strukturen verschwimmen, wenn zu Hause gearbeitet wird und eine Grenze zwischen Berufs- und Privatleben nicht immer klar zu definieren ist. Die durch das Homeoffice gewonnene Flexibilität wird zum Problem, weil dadurch, dass „Arbeit aufgrund von Belangen des Privatlebens unterbrochen" (Material 8) wird, „Arbeitszeit auf den Abend oder das Wochenende gelegt" (ebd.) und die freie Zeit nicht als Erholung empfunden wird. So kommt es, dass 18,8 % von im Homeoffice Arbeitenden angeben, Probleme bei der Vereinbarkeit von Arbeit und Freizeit zu haben (vgl. Material 8). Es ist also nicht unbedingt für jeden einfach, einen flexibel festgelegten Feierabend zu haben, und auch nicht alle Arbeitnehmer freuen sich über selbstständig einzuteilende Arbeitszeiten.
[2.2.3] Ganz nah mit diesem Problem verbunden ist die

im Folgenden ausgeführte Beobachtung, dass die Arbeit im Homeoffice zu einer ungesunden Lebenshaltung verleiten kann. So ist der Bewegungsradius zu Hause wesentlich geringer, wenn keine Hin- und Rückwege oder Schritte im Büro anstehen, außerdem ist der nächste Snack daheim sehr schnell zu erreichen. So führt „[h]äufiges Naschen [...] zu Gewichtszunahme. Gerade, wer von zu Hause aus arbeitet, läuft Gefahr, dauernd zum Kühlschrank zu gehen“ (Material 4). Es wird deutlich, dass diese Art des Arbeitens sehr viel Disziplin verlangt, damit sich keine ungesunden Gewohnheiten einschleichen und so das Leben ungünstig verändern.

[C] Unzählige Aspekte sind mit dem Arbeiten im Homeoffice verbunden. Für einen Erfolg dieser Arbeitsweise sind sowohl von Arbeitgeber- wie von Arbeitnehmerseite etliche Regeln, wechselseitiges Entgegenkommen und vor allem Vertrauen notwendig. Letztendlich ist es auch eine Typfrage, ob man lieber im Büro oder zu Hause arbeitet. Wahrscheinlich jedoch ist für viele ein „kombinierte[s] Arbeitsmodell[...]“ (Material 10) von Vorteil, sodass zwischen Tele- und Büroarbeit abgewechselt werden kann und möglichst viele Vorteile auf allen Seiten genutzt werden können.

E 2 Aufgabengruppe B: Textgebundener Aufsatz Thema 7: „Lost in Translation“

Seite 104
(Die folgende Lösung ist ein Lösungsvorschlag und keine amtliche Lösung.)

<u>Ausarbeitung</u>
Der Kommentar „Lost in Translation“, der von Tobias Haberl verfasst wurde und am 03.07.2020 im Süddeutsche Zeitung Magazin erschien, hinterfragt den zunehmenden Einsatz digitaler Übersetzungsprogramme.
Der Autor führt durch die Schilderung eines persönlichen Erlebnisses zur Thematik des Textes hin. In den Zeilen 1 bis 14 beschreibt Haberl die auf ihn eigenartig wirkende Beobachtung, wie ein Koreaner und ein Hotelangestellter mithilfe eines Übersetzungsprogrammes auf dem Smartphone kommunizieren, ohne ein Wort miteinander zu sprechen. In den Zeilen 14 bis 19 erklärt er kurz seine bisherigen Erfahrungen mit derartigen Programmen.
Im darauffolgenden Sinnabschnitt (Z. 20 – 29) gibt der Verfasser einen knappen Einblick in die Entwicklung der Technologie, die sich ständig verbessert, sodass wahrscheinlich in naher Zukunft mithilfe von Übersetzungsprogrammen eine einwandfreie Kommunikation möglich sein wird. In den Zeilen 30 bis 35 wird berichtet, dass das persönliche Umfeld des Autors diese Entwicklung sehr begrüßt. Haberl selbst steht ihr skeptisch gegenüber und vergleicht sie mit der zwiespältigen Entwicklung sozialer Netzwerke (Z. 36 – 42). Der folgende Abschnitt (Z. 43 – 54) beschäftigt sich mit den möglichen Vorteilen von Übersetzungsprogrammen, die sowohl beim privaten als auch beim geschäftlichen Einsatz sinnvoll und hilfreich sein können, beispielsweise um Forschungsergebnisse zu präsentieren oder für Personen, die keine Möglichkeit haben, eine Fremdsprache zu erlernen. Anschließend (Z. 55 – 59) äußert der Verfasser seine Befürchtung, dass durch derartige Programme neue Probleme entstehen könnten. In den Zeilen 60 bis 84 begründet Haberl seine Skepsis und erklärt, dass die Anstrengung, eine Sprache zu erlernen, seiner Meinung nach notwendig ist, um ein Gespür für die fremde Kultur zu entwickeln. Er untermauert seine These durch persönliche Urlaubserlebnisse in seiner Kindheit. Zudem ist er der Auffassung, dass durch die Fremdheit und das Nichtverstehen einer anderen Sprache Neugierde und Aufmerksamkeit für die andere Kultur geweckt würden. Im nächsten Sinnabschnitt (Z. 85 – 91) äußert der Geschäftsführer eines Start-up-Unternehmens für Übersetzungsprogramme seine Meinung, dass derartige Hilfsmittel das Verständnis füreinander stärken, wohingegen Tobias Haberl meint, Toleranz entstehe nur durch die intensive Auseinandersetzung mit dem Fremden. Im letzten Sinnabschnitt (Z. 92 – 102) rundet der Verfasser den Kommentar mit der Schilderung seiner ersten Urlaubsliebe ab und beendet den Text mit dem Fazit, dass man sich auf das Fremde einlassen muss und es keine Verbesserung ist, es mit technischen Hilfsmitteln zu umgehen.

Im Folgenden soll verdeutlicht werden, woran erkennbar wird, dass es sich bei dem Kommentar um einen meinungsbetonten, subjektiven Text handelt und welche Absicht der Autor verfolgen könnte. Gleich zu Beginn fällt auf, dass der Kommentar in der Ich-Form geschrieben ist (Z. 1, Z. 14 – 19, Z. 30 f.). Des Weiteren werden einige persönliche Erlebnisse wie die Beobachtung nonverbaler Kommunikation zwischen dem Hotelangestellten und dem koreanischen Gast (Z. 1 – 11) oder die erste Urlaubsliebe des Autors (Z. 92 – 99) geschildert. Anstatt objektiver Tatsachen verwendet Tobias Haberl diese persönlichen Erfahrungen, um seine Sichtweise zu untermauern. Er gibt ganz offen seine eigene Skepsis gegenüber dem digitalen Fortschritt durch Übersetzungsprogramme zu (Z. 36 – 42) und kritisiert dadurch auch die unreflektierte Technikbegeisterung vieler Menschen und möchte diesbezüglich sensibilisieren. Es wird deutlich, dass er den negativen Einfluss der Technik auf die zwischenmenschliche Kommunikation bemängelt (Z. 99 – 102). Man kann aus dem Text herauslesen, dass Tobias Haberl der Auffassung ist, dass gegenseitiges Verständnis weit mehr ist als bloße Verständigung (Z. 85 – 91), und er appelliert, dass man versuchen soll, sich in fremde Kulturen einzufühlen.

Zur sprachlichen Gestaltung des Kommentars fällt hinsichtlich des Satzbaus auf, dass der Verfasser viele komplexe, aber gut verständliche Satzgefüge (Z. 8 – 13, Z. 20 – 23, Z. 24 – 27) und vereinzelt einfachere Hauptsätze (Z. 14 f., Z. 17, Z. 20, Z. 30) verwendet, wodurch der Text abwechslungsreich erscheint. Am Ende des Kommentars sticht der einzige Fragesatz „[...] – aber wären wir glücklicher?“ (Z. 102) ins Auge, bei dem es sich um eine rhetorische Frage handelt. Hierdurch soll dem Leser abschließend ein Denkanstoß gegeben werden, über derartige Übersetzungsprogramme sowie die fortschreitende Technisierung zu reflektieren und deren Sinn zu hinterfragen. Des Weiteren enthält der Text viele Aufzählungen wie „Freiberufler könnten [...] ausgetauscht werden“ (Z. 51 – 53) oder „Chaos, Banalität und Miss-

verständnisse[...]" (Z. 41 f.), welche die ambivalenten Folgen der Technisierung darstellen. Gleich zu Beginn des Kommentars fällt eine reihende Aufzählung auf („Immer wieder [...] und so weiter", Z. 5 – 8), welche die Kommunikation zwischen dem Hotelangestellten und dem koreanischen Gast wiedergibt. So gelingt es dem Autor, der Szene eine gewisse Absurdität zu verleihen und das Interesse für die Thematik zu wecken. Zudem verwendet Tobias Haberl einige wörtliche Reden wie „‚Nie mehr Vokabeln büffeln', jubelte einer" (Z. 31 f.) und indirekte Reden wie „Eine Freundin [...] kommen könne" (Z. 32 – 35), wodurch er konträre Meinungen wiedergibt und sich von ihnen distanziert. Mittels einiger Konjunktivkonstruktionen (Z. 32 – 35, Z. 36 f., Z. 87 f.) drückt er seine Zweifel an diesen Aussagen aus.
Untersucht man die sprachliche Gestaltung des Kommentars hinsichtlich Wortwahl und Stil, fällt auf, dass der Verfasser meist die Hochsprache benutzt (Z. 1 – 14). Er lässt allerdings immer wieder umgangssprachliche Ausdrücke wie „büffeln" (Z. 32), „toll" (Z. 32) oder „nun mal" (Z. 39 f.) sowie floskelhafte Wendungen wie „Sagen wir so" (Z. 36) und „Es ist ja meistens so" (Z. 57 f.) einfließen, wodurch der Kommentar teilweise dialogähnlich wirkt. So wird der Anschein erweckt, dass Haberl die Leser direkt anspricht. Durch anschauliche Adjektive („verdutzt", Z. 12; „geheimnisvoll", Z. 61; „stolz", Z. 70; „ungläubig", Z. 71 f.) und treffende Verben („fasziniert", Z. 60; „empfunden", Z. 62; „begreifen", Z. 78) verdeutlicht der Autor eindringlich sein persönliches Erleben von Kultur und Sprache und dem Erlernen einer Sprache. Für ihn ist es unabdingbar, sich auf eine Sprache einzulassen und sich diese mühsam zu erarbeiten, um das Fremde begreifen zu können. Mehrfach stechen bildhafte Ausdrücke ins Auge wie „Immer bleibt [...] Herkunft gefangen" (Z. 46 – 48), „Solange ich [...] als geheimnisvoll empfunden" (Z. 60 – 62) oder „dass wir [...] mit uns herumschleppen" (Z. 28 f.). Hierdurch werden einerseits die Schwierigkeiten beim Erlernen einer Fremdsprache und andererseits die Veränderungen durch die Digitalisierung beschrieben. Als Kontrast zu dieser bildhaften Sprache nutzt der Verfasser viele technologische Fachbegriffe wie „digitale Übersetzungsprogramme" (Z. 15, Z. 43), „Algorithmen" (Z. 21), „Übersetzungs-Apps" (Z. 25), „digitalisierte Zukunft" (Z. 55) oder „Start-ups" (Z. 87), woran deutlich wird, dass sich Haberl durchaus in der technisierten Welt auskennt und sich damit auseinandergesetzt hat. Zudem benutzt der Verfasser einige Fremdwörter wie „kommunizieren" (Z. 44), „effizienter" (Z. 44), „effektiver" (Z. 52), „dystopisch" (Z. 56) und „Bouillabaisse" (Z. 70), wodurch der Text sprachlich anspruchsvoll wirkt. Außerdem ist die englischsprachige Überschrift „Lost in Translation" sehr auffällig, die ebenfalls ein Filmtitel ist und „Verloren in der Übersetzung" bedeutet. Dadurch wird bereits die kritische Sichtweise des Verfassers deutlich. Mithilfe des englischen Titels schafft Haberl eine Brücke zum Thema Übersetzungsprogramme und gewinnt zugleich das Interesse des Lesers.
Abschließend werden einige Stilmittel betrachtet, die der Text aufweist. Durch Antithesen wie „wenn man etwas gewinnt, immer auch etwas verliert" (Z. 59) und „Das macht Verständigung leichter – aber wohl auch viel schwieriger" (Untertitel) wird verdeutlicht, dass die zunehmende Technisierung nicht nur Vorteile mit sich bringt, sondern auch Schattenseiten hat. Der Kommentar enthält auch Anaphern: „Ich verstehe [...], ich fände [...]" (Z. 36) oder „Hier hatte [...], hier gab [...]" (Z. 81 f.), welche Haberls kritische Sicht auf die technische Errungenschaft der Übersetzungsprogramme ausdrücken. Auch lassen sich Klimaxe finden wie „sich anderen Menschen, Ländern und Kontinenten zu nähern" (Z. 62 f.) oder „Wachheit und Gegenwärtigkeit, zu Respekt und Neugierde" (Z. 81), wodurch Erwartungen der Technikbegeisterten der skeptischen Sichtweise des Autors gegenübergestellt werden. Abschließend sei das Stilmittel der Antiklimax genannt („Chaos, Banalität und Missverständnisse[...]", Z. 41 f.), welches erneut negative Folgen der fortschreitenden Technisierung betont.

Im Folgenden soll dargelegt werden, dass das Erlernen einer Fremdsprache sehr große Bedeutung hat. Es kann nicht abgestritten werden, dass hierdurch die interkulturelle Kompetenz gefördert wird, da dies die Basis ist, um andere Kulturen zu verstehen. Oft können fremdländische Bräuche, die Menschen und deren Emotionen nur dadurch ganzheitlich verstanden werden. Die Engländer etwa sind bekannt für ihren trockenen, eigenwilligen Humor. Dieser ist nur durch das persönliche Gespräch erfahrbar, eine Übersetzungs-App kann Emotionen oder die landestypische, humorvolle Art nicht vermitteln, hierzu muss man die Sprache beherrschen und die Menschen treffen. Dies verdeutlicht, dass das Erlernen einer Sprache unabdingbar ist, um andere Kulturen zu verstehen. Es sollte auch nicht außer Acht gelassen werden, dass das Erlernen einer Fremdsprache mittlerweile für viele Berufe wichtig und oft unverzichtbar ist. Aufgrund der Globalisierung müssen viele Firmen weltweit kommunizieren, sei es, dass es Werke in anderen Ländern gibt oder Kunden oder Lieferanten ihren Sitz im Ausland haben. Mein Vater arbeitet für ein Unternehmen, das Zweigstellen auf der ganzen Welt besitzt. Häufig nimmt er an Telefonkonferenzen teil, in denen über mehrere Stunden nur englisch gesprochen wird. Würden die Teilnehmer dieser Sitzungen nicht Englisch als gemeinsame Sprache beherrschen, wäre eine Kommunikation mühsam, wenn nicht gar unmöglich. Würden die Kollegen für das Meeting eine Übersetzungs-App verwenden, würde das Gespräch viel länger dauern und es würde sicherlich immer wieder zu Missverständnissen kommen. Zudem ist es fraglich, ob ein derartiges Programm in der Lage ist, fachspezifische Gespräche adäquat zu übersetzen. Dieses Argument hat deutlich gezeigt, dass es sinnvoll und wichtig ist, eine Fremdsprache zu erlernen und zu beherrschen.

Für den Abend hatte ich mich mit Francesca verabredet und wir trafen uns auf der Hollywoodschaukel. Ich muss zugeben, ich war ziemlich nervös, es war ja quasi mein erstes Date. Als sie kam, begrüßten wir uns mit einem „Ciao", viel weiter reichte mein Italienisch leider auch nicht. Ich konnte nur noch „Ti amo" und dafür schien es mir doch noch etwas zu früh. Umso dankbarer war ich für meine Übersetzungs-App, so konnten wir zumindest etwas Ähnliches wie eine Unterhaltung führen. Außerdem war ich ganz froh, dass ich eigentlich eher mit meinem Handy sprach als mit ihr, denn dazu wäre ich vermutlich viel zu aufgeregt gewesen. Ich, beziehungsweise die nette, weibliche Stimme aus meinem Handy, fragte Francesca, was sie heute gemacht habe. Schon kurze Zeit später antwortete mir mein Handy, dass sie mit einer Freundin beim Eisessen gewesen sei. Ich wollte Francesca unbedingt mit meinen Surfqualitäten beeindrucken und schilderte genau, wie der Surfkurs heute abgelaufen war. Leider konnte meine App die wohl etwas zu ausgeschmückte Beschreibung meiner Surfkünste nicht ganz erfassen und so kicherte Francesca nur und gab mir zu verstehen, dass sie nichts verstanden habe. Na toll! Ich reduzierte meine Fragen also auf einfache Hauptsätze und konnte zumindest erfahren, dass ihre Lieblingsfächer in der Schule Kunst und Sport waren und sie gern Schwimmen ging. Weil wir immer erst in mein Handy sprechen und dann die Übersetzung abwarten mussten, kam das Gespräch nur sehr mühsam voran. Aber der Technik sei Dank konnten wir uns überhaupt unterhalten. Plötzlich schob sich ein Banner auf das Display: „Akkuladung beträgt 7 %, bitte laden Sie Ihr Smartphone." O nein, ich hatte vergessen, mein Handy zu laden! Ich wollte Francesca doch unbedingt noch fragen, ob sie am nächsten Tag mit mir ein Eis essen gehen wollte, doch bevor ich die Frage beendet hatte, wurde schon der Bildschirm schwarz und die freundliche Stimme unserer Dolmetscherin verstummte. Was nun? Schweigend saßen wir nebeneinander auf der Hollywoodschaukel und malten mit unseren Füßen Kreise in den Sand. Es war eine unangenehme Stille. Francesca sagte etwas, aber ich verstand natürlich nichts. Zögerlich machte ich den Versuch, sie mit einer ausgeprägten Gestik zum Eisessen einladen, aber anscheinend verstand sie mich nicht, denn sie stand plötzlich auf und gestikulierte mir, dass sie nun schlafen gehen würde. Mit einem „Buona notte" verabschiedete sie sich und verschwand in der Dunkelheit. So endete mein erstes Date nur wenige Minuten, nachdem es begonnen hatte. Und das nur wegen eines leeren Akkus.

Mir hat der Text von Tobias Haberl sehr gut gefallen, da ich die Verwendung von Übersetzungs-Apps bisher nicht hinterfragt und kritisch betrachtet habe. Durch das Lesen des Kommentars bekommt man eine andere Sichtweise auf diesen vermeintlichen technischen Fortschritt, so hat mich besonders überzeugt, dass man eine Kultur nur verstehen kann, wenn man sich intensiv mit ihr auseinandergesetzt hat, wozu es auch gehört, dass man die Sprache erlernt (Z. 66 ff.). Ich fand es unterhaltsam und zugleich überzeugend, dass Tobias Haberl mehrfach Anekdoten aus seinem Leben anführt, beispielsweise als er davon erzählt, wie stolz er war, als er das erste Mal in Frankreich etwas zu essen bestellte (Z. 68 – 72). Hierdurch wirkt der Text authentisch und man überträgt die Erlebnisse des Autors auf sein eigenes Leben und erinnert sich an ähnliche persönliche Erfahrungen. Trotz dieser sehr persönlichen Schilderungen des Verfassers hat man durch die Verwendung von Fachbegriffen (Z. 20 f.) und die Wiedergabe gegensätzlicher Stimmen (Z. 85 – 88) das Gefühl, dass Haberl sich intensiv mit der Thematik auseinandergesetzt und seinen Standpunkt nach reiflicher Überlegung eingenommen hat, wodurch der Text sehr überzeugend wirkt.

E 3 Aufgabengruppe B: Textgebundener Aufsatz Thema 8: „Am Strand"

Seite 107
(Die folgende Lösung ist ein Lösungsvorschlag und keine amtliche Lösung.)

Ausarbeitung
Die Kurzgeschichte „Am Strand", die von Reinhold Ziegler verfasst wurde, erschien im Jahr 2001 im Beltz Verlag in dem Buch „Der Straßengeher und andere kleine Versuche, die Welt zu verstehen" auf den Seiten 76 – 80. Der Text handelt von einer älteren Frau, die an einen Strand zurückkehrt, der für sie mit positiven Erinnerungen verbunden ist. Dort macht sie sich Gedanken über die Beziehung zu ihrem Mann und sich selbst.

Zu Beginn der Geschichte wird erzählt, dass sich eine ältere Frau ohne einen für sie erkennbaren Grund vor Sonnenaufgang an einen Strand begibt, mit dem sie glückliche Momente mit ihrem Mann verbindet. Da sie den Sand fühlen möchte, läuft sie barfuß über den Untergrund. Aufgrund der langen Fahrt ist sie erschöpft, sodass ihr die Orientierung schwerfällt. Während des Spaziergangs denkt sie an ihren Partner, der unterschiedliche Eigenschaften aufweist, so ist er jemand, der nie etwas hinterfragt. Sie hingegen möchte allen Dingen auf den Grund gehen. Am Strand ist sie auf der Suche nach bestimmten Muscheln mit einem Loch in der Mitte. Wegen dieser Form haben sie und ihr Partner diese damals Glücksringe genannt. Für sie ergibt sich immer noch die Frage, wie das Loch entsteht. Doch in Gedanken stellt sie sich vor, wie ihr Mann sagt, es seien Glücksbringer, die nur von Verliebten gefunden werden können. Die Sonne geht hinter den Wolken auf und die Frau erkennt, dass sie für ein glückliches Leben weniger Dinge hinterfragen muss. Sie genießt das Sonnenlicht und beginnt, sich selbst zu verzeihen und ihre Unzulänglichkeiten anzunehmen. Zudem merkt sie, dass ihr Platz bei ihrer Familie ist. Bevor sie zurückfährt, schreibt sie „Ich liebe dich – immer noch" in den Sand. Als sie zu Hause ankommt, gibt sie ihrem Mann auf die Frage, wo sie gewesen sei, eine Glücksbringermuschel.

Die Hauptperson ist eine ältere Frau, da sie auf „Falten" (Z. 71) in ihrem Gesicht hinweist. Zudem denkt sie über den Zeitraum nach („fünfzehn Jahre, zwanzig", Z. 16), wie lange der letzte Besuch her ist. Sie hat einen Partner und Kinder (vgl. Z. 39). Die Frau scheint mit der Beziehung zu ihrem Mann unzufrieden zu sein, da sie seine Handlungen und Gedanken in der Vergangenheit häufig nicht nachvollziehen konnte. Auch sie selbst hat sich von ihm nicht verstanden gefühlt. („Ja, sie waren sich beide oft unbegreifbar, der eine dem anderen und der andere dem einen", Z. 33 f.). Für die Frau stellt dies eine Belastung dar, sie fühlt sich unsicher und zweifelt an sich selbst. Einerseits ist die Hauptfigur eine Person, die den Dingen auf den Grund gehen möchte und die es stört, wenn sie Sachverhalte nicht durchdringen kann („Damals wollte sie eine Erklärung dafür, warum ein Loch in der Mitte dieser Muscheln war", Z. 46 f.). Sie ist ein rationaler Mensch, der sich nicht mit einfachen Erklärungen zufriedengibt

(„Auch jetzt suchte sie noch immer nach einer Erklärung", Z. 53). Auf der anderen Seite ist die Frau fähig, Gefühle tief zu empfinden und die kleinen Dinge des Lebens zu genießen. So läuft sie über den Strand und „versucht[...], jeden Schritt zu spüren" (Z. 9) und nimmt diese Empfindung auf.
Sie erinnert sich gerne an bessere Zeiten, als sie mit ihrem Mann am Strand gewesen ist („Die Sonne fehlte – und er", Z. 7) und sie zusammen glücklich waren. Sie taucht in die Vergangenheit ein, um einen Impuls für ihre jetzige Situation zu bekommen. Dafür nimmt sie eine längere und ungewisse Reise in Kauf, wobei sie diese rational einzuordnen weiß („[...] dann gefahren [...], wie angezogen von einem Magneten", Z. 17). Am Strand erkennt sie jedoch, dass es wichtig und notwendig ist, ihre Selbstzweifel zu überwinden und sich selbst zu verzeihen („Ich verzeihe mir [...]", Z. 77). Dies ist die Voraussetzung, wieder in ihr altes Leben zurückkehren zu können.
Die Reise in die Vergangenheit ermöglicht es ihr auch, an der Liebe zu ihrem Mann festzuhalten, und am Ende ihrer Reise schreibt sie „ICH LIEBE DICH" (Z. 86) in den Sand.

Hinsichtlich der sprachlichen Gestaltung fallen einige Besonderheiten auf. Der Verfasser verwendet bildhafte Adjektive wie „rau" (Z. 69), „leise Wärme" (Z. 69) und Farbbezeichnungen („gelblich", Z. 59; „rot", Z. 59), die dem Leser die Situation am Strand anschaulich vermitteln. Zudem wird dadurch die sich verändernde Stimmung der Frau dargestellt. Zu Beginn des Textes wirkt sie eher zögerlich und in sich gekehrt („langsam", Z. 2; „dunkel gefärbt", Z. 5; „Vorsichtig zog", Z. 8). Im Verlauf der Handlung macht sie jedoch eine Wandlung durch, die sich auch in der sprachlichen Gestaltung zeigt: „gleißende Straße aus Licht" (Z. 61) und „Fleck zu hell" (Z. 59). Die imposante Naturkulisse schildert der Autor mit Metaphern („fing ein Wolkenfetzen Feuer", Z. 58; „Blutrot spürte sie die Wärme", Z. 74f.) besonders eindrucksvoll. Auch ein Vergleich („Wie eine gewaltige Explosion tauchte die Sonne über dem Wasser auf [...]", Z. 60f.) dient der Naturdarstellung. Dass die Sonne und der Sonnenaufgang für die Hauptperson eine besondere Bedeutung haben, zeigt die Beschreibung dieser Situation mithilfe von Personifikationen („die Sonne [...] legte", Z. 60f.; „Sie fächelte leise Wärme in ihr Gesicht.", Z. 69f.; „Die Sonne streichelte [...] ihr Gesicht", Z. 72). Zudem spricht die Frau mit der Sonne wie mit einer Vertrauten. Dies wird durch die Verwendung von wörtlicher Rede („Kennst du mich noch?", Z. 70) hervorgehoben. Der Begriff „Sonne" wird im Text sehr häufig wiederholt und kann als Symbol gesehen werden. Auch andere Wörter, wie „Strand" (Z. 1, 45) und „Muschel[...]" (Z. 43, 47, 50), durchziehen den Text und stehen symbolisch für das Leben der Frau bzw. ihre Beziehung zu ihrem Mann.
Weder die Frau noch ihr Mann werden mit Namen bezeichnet, sondern nur mit Personalpronomen benannt („sie", Z. 1, 2, 7, 8; „er", Z. 7, 51), so erhält die Situation einen allgemeingültigen Charakter und kann auf andere Personen übertragen werden.
Die Kurzgeschichte beginnt mit einer Aufzählung (vgl. Z. 3f.), die den Strand beschreibt, den die Frau betritt. Es wird deutlich, dass sie sich genau an diesen Strandabschnitt erinnern kann und er eine wichtige Bedeutung in ihrem Leben hat. Im ersten Abschnitt des Textes finden sich einige aneinandergereihte Fragesätze (vgl. Z. 14ff.), in denen die Selbstzweifel und die Unsicherheit der Frau dargestellt werden. Auch vereinzelte Ausrufesätze („Pass doch auf!", Z. 38, 39) geben die Gefühle der Frau wieder. Bereits zu Beginn wird durch die Wiederholung des kurzen Satzes „Die Sonne fehlte" (Z. 5, 7) deutlich, dass die Sonne eine wichtige Rolle im Leben der Frau spielt. In der Wiederholung wird mittels Parenthese („Die Sonne fehlte – und er", Z. 7) eine Konkretisierung vorgenommen. Die Hauptperson erkennt, dass sie auch ihren Mann vermisst. In einigen Passagen werden kurze Sätze aneinandergereiht (vgl. Z. 23ff.), in ihnen werden die Unruhe und Unsicherheit der Frau herausgestellt, unter anderem durch die Anapher „Sie war müde [...]" (Z. 23), „Sie hasste [...]" (Z. 24). Immer wieder beginnen Sätze mit dem Personalpronomen „sie", woran deutlich wird, dass die Protagonistin in der für sie wichtigen Situation allein ist und sie sich mit sich selbst und der Beziehung zu ihrem Mann beschäftigt.
Der Begriff „verzeihen" (Z. 76) wird in seiner Bedeutung besonders hervorgehoben, da er in einer Ellipse ganz allein steht. Zudem wird das Wort im Anschluss drei Mal wiederholt (vgl. Z. 77ff.), was betont, dass die Frau erkennt, dass dies das Wichtigste ist, damit sie auch in der Beziehung mit ihrem Mann weitermachen kann. In der elliptischen Aufzählung in den Zeilen 79–80 nennt die Frau kurz und aneinandergereiht ihre Erkenntnisse, die sie während der Zeit am Strand gemacht hat: „Verzeihe mir alle Fragen, alle Erklärungsversuche, alle Lieblosigkeiten." Die wichtigste Erkenntnis findet sich in Großbuchstaben: „ICH LIEBE DICH – [...] – IMMER NOCH." (Z. 86ff.), wodurch diese Aussage eine nachdrückliche Bedeutung erhält.

Nun soll erörtert werden, warum es wichtig ist, sich selbst und anderen Fehler und Schwächen verzeihen zu können. Zunächst ist es bedeutsam, sich selbst Fehler zu verzeihen. Sich selbst verzeihen bedeutet, dass man sich mit seinen Schwächen, Ecken und Kanten auseinandersetzt, diese erkennt und annimmt. Es heißt für einen selbst, dass man mit Ereignissen in der Vergangenheit, die einen belasten, abschließt und sie ruhen lässt. Dies ermöglicht es, nach vorne zu schauen und vielleicht sogar gestärkt aus der Situation hervorzugehen, da man aus den eigenen Fehlern oder Unzulänglichkeiten etwas gelernt hat. Habe ich jemanden etwa verbal verletzt, ist es wichtig, mir dies bewusst zu machen und zu erkennen, dass dies ein Fehler und für die andere Person schlimm gewesen ist. Sobald dies verinnerlicht wurde, ist es eher möglich, Gefühle und Gedanken, die einen einschränken, loszulassen. Man lernt sich selbst kennen und weiß um seine Schwächen.
Doch auch anderen zu vergeben, ist sehr wichtig. Es bietet die Möglichkeit, in einer zwischenmenschlichen Beziehung neu anzufangen. Alle machen Fehler. Dadurch, dass ich dem/der anderen dies zugestehe, wird die Beziehung auf eine neue Basis gestellt. Die aus dem Verzeihensprozess resultierende Situation ermöglicht es der verzeihenden Person, negative Gedanken zu verarbeiten und zu eliminieren. Dadurch erlebt die Person, die verzeiht, eine positive Grundhaltung und kann sich wieder auf neue Beziehungen zu anderen Personen einlassen. Hat beispielsweise eine Freundin vergessen, mir zum Geburtstag zu

gratulieren, so kann ich die Situation für meine Freundin und mich dadurch bereinigen, indem ich ihr verzeihe und wir klären, warum sie nicht an den Geburtstag gedacht hat. Da durch diese Klärung die negativen Gedanken überwunden werden können, ist es möglich, sich wieder unvorbehalten aufeinander einzulassen.

Er: „Mein Gott, wo warst du nur?
Sie: „Ich war am Strand."
Er: „An welchem Strand?"
Sie: „An unserem Strand. Hier. Ich habe dir etwas mitgebracht."
Er: „Ein Glücksring? Das kann ich ja kaum glauben. Du hast tatsächlich einen gefunden?"
Sie: „Ja, allerdings."
Er: „Was ist nur los mit dir? Ich habe mir solche Sorgen um dich gemacht. Erst verschwindest du, ohne ein Wort zu sagen. Du meldest dich nicht. Dein Handy ist ausgeschaltet und jetzt tauchst du mit einem Glücksring wieder auf."
Sie: „Es tut mir leid. Ich wollte nicht gefunden werden. Ich habe ein bisschen Zeit für mich gebraucht, um mir über mein Leben und unsere Beziehung klar zu werden."
Er: „Aber das hättest du doch auch hier zu Hause machen können. Du bist doch fast den ganzen Tag allein. Warum hast du denn nie etwas gesagt?"
Sie: „Das ist ja gerade das Problem. Hier dreht sich mein Kopf im Kreis. Ich kann keinen klaren Gedanken fassen. Am Strand habe ich mich frei gefühlt. Es war wie damals, als wir so glücklich waren."
Er: „O ja, das war eine schöne Zeit."
Sie: „Am Strand habe ich vieles erkannt und mir meine Fehler verziehen. Ich habe sie alle dort gelassen, sie sind aufs Meer hinausgetrieben, der Sonne entgegen."
Er: „Wie schön du das gesagt hast. Da bekomme ich richtig Sehnsucht nach unserem Strand. Wir fahren nächstes Mal gemeinsam dorthin."
Sie: „Sehr gerne. Weißt du, ich liebe dich noch immer."
Er: „Ich dich auch."

Mir hat die Kurzgeschichte sehr gut gefallen, da anschaulich dargestellt wird, wie sich der Charakter der Hauptperson verändert. Zu Beginn ist die Frau zwanghaft und hinterfragt alles. Ihr gelingt es nicht einmal, sich entspannt in den Sand zu setzen, obwohl sie von der Fahrt völlig erschöpft ist. Doch im Verlauf der Geschichte setzt der Erkenntnisprozess ein und sie kann nach Hause zurückkehren. Die Protagonistin hat eingesehen, dass niemand perfekt ist und dies auch nicht sein muss. Diesen wichtigen Gedanken möchte ich auch für mich verinnerlichen und mir immer wieder bewusst machen, dass ich sicherlich im Laufe meines Lebens viele Fehler machen werde, dass dies aber zu mir als Person gehört. Ich hoffe, mir dann auch verzeihen zu können, so wie es die Frau in der Kurzgeschichte gemacht hat.